KB154347

KINFOLK & NORM ARCHITECTS

THE TOUCH

더 터치: 머물고 싶은 디자인

LIGHT

A. LIGHT — 빛은 시각적 감각만을 뜻하지 않는다. 열린 창으로 쏟아져 들어오는 햇빛을 쬐다 보면 따스함이 피부를 감싼다. 빛이 잘 드는 방은 만지기 좋은 온도의 물건들로 가득하다. 빛은 공간을 시시각각 변화시킨다. 아크네 스튜디오 청담점의 반투명 벽은 도시의 기후를 흡수하고 반사한다. 자비에르 코르베로의 미로 집은 태양이 움직이면서 주마등 효과를 낸다. 존 포우슨은 "빛은 공간의 분위기를 시시각각 바꾼다"라고 말한다.

NATURE

B. NATURE — 자연은 우리를 현재의 순간에 머물게 한다. 비를 예로 들면, 뚝뚝 떨어지는 소리, 피부에 닿는 감촉, 비 온 뒤 땅에서 올라오는 냄새가 떠오른다. 집과 자연이 조화를 이루려면 살아 있는 것들, 즉 생명을 안으로 들여야 한다. 뭄바이의 나무 벽돌로 된 집들은 주변의 자연을 몬순 기후까지도 집 안으로 들인다. 덴마크의 한 미술 갤러리의 바다 전망은 전시된 작품들만큼이나 유명하다. 건축가 요나스 비예어 폴센은 '구체적인 경험'이라는 말로 이를 개념화한다.

C. MATERIALITY — 핀란드 건축가 유하니 팔라스마는 "바위의 매끄러운 표면은 무척 매혹적이지만 물질성은 정교함, 감촉, 기억 등과 좀 더 밀접하다"라고 말한다. 시간의 흐름에 따라 변해 가는 나무나 가죽을 보면, 만지고 싶은 질감에 세월의 흔적이 그대로 새겨진 그윽한 멋이 풍긴다. 밀라노에 있는 데 코티스 레지던스와 코펜하겐에 있는 프라마 스튜디오의 물질들은 날것 그대로 자연스럽게 변화하며 불완전함의 아름다움을 기린다.

MATERIALITY

COLOR

D. COLOR — "흔히들 색이라고 하면 페인트칠을 떠올린다. 나는 단순히 페인트칠이 아니라 일종의 질감을 더한다." 건축가 데이비드 툴스트럽의 말이다. 감각적인 것을 추구하는 건축가들은 색을 부수적인 개념이 아니라 공간 물질성의 확장으로 본다. 엠마누엘 드베제는 작아 보이는 아파트 실내에 무지개색 팔레트 같은 디테일을 더해 연출했고, 덴마크 해변에 시사이드 어보드를 건축한 놈 아키텍츠는 색을 통해 집과 자연환경을 하나로 연결시켰다.

E. COMMUNITY — 어떤 공간이 아름답지만 불편하다면, 주요 기능을 상실한 것이다. 일스 크로포드는 "디자인은 모든 것을 묶는 풀이다"라고 말한다. 그는 런던 수프 키친부터 스톡홀름 호텔까지 다양한 프로젝트에 참여했는데, 그곳 손님들은 모두 같은 식탁에서 식사를 한다. 이렇게 사람들을 함께하게끔 디자인하는 것은 전에 없이 더욱 중요해지고 있다. 데비카 레이는 "소속감이라는 개념이 공간과 분리된 이 시기에 어떻게 공동체가 활발한 공간을 계획할 수 있을까?" 묻는다.

COMMUNITY

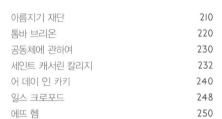

F. APPENDIX — 햅틱 디자인은 미드센추리 초기에 번진 실험적인 건축 운동 양식이다. 주로 브라질의 거친 열대우림이나 캘리포니아의 사막 같은 낯선 지역에서 이루어진다. 햅틱 건축물을 토대로 한 미학 이론과 문화 이론은 바실리 칸딘스키의 급진적인 색채부터 도널드 저드와 이사무 노구치 같은 예술가들의 다양한 활동에까지 커다란 영향을 끼쳤다.

APPENDIX

INTRODUCTION

아름다운 디자인이란 무엇일까? 아름다움은 보는 사람의 주관에 따라 다르다고들 한다. 인스타그램과 핀터레스트 등 사진 위주의 소셜 미디어 플랫폼들이 10억 이상의 사용자들에게 인테리어와 건축의 매력을 확산시키고 있다. 이제 소셜 미디어에서 매력적으로 보이는 사진이 마케팅에 유리하다. 그래서 수많은 기업뿐 아니라 에어비앤비로 급부상한 가정집까지, 예쁜 사진이 나오는 방향으로 디자인을 바꾸기에 이르렀다.

디자인과 경험을 강렬한 사진 한 컷만으로 평가한다는 것은 대단히 편협한 관점이다. 이에 《더 터치》는 대안을 제시하는 바다. 좋은 디자인이란 시각적으로만 매력적인 것이 아니라 인간의 모든 감각과 이어진 것이어야 한다. 이 책은 단순히 사진을 찍고 싶은 덴마크 스타일의 쇼룸이 아닌, 손을 뻗어 만지고 싶은 재료와 구성들을 보여 준다. 잘 가꾼 뭄바이 외곽의 정원에서 얼마나 기분 좋은 향기가 나는지, 교토 료칸에서 똑똑 떨어지는 물방울 소리가 사람의 마음을 얼마나 편안하게 해 주는지, 그리고 이 공간들을 공유하는 사람들이 어떻게 서로의 감각에 기여하는지를 살펴보고자 한다.

이 책은 유행과 첨단 기술보다는 인간의 몸과 마음이 반영된 건축과 인테리어 디자인을 하는 '놈 아키텍츠', 질 높은 삶을 탐구하고 의식과 목적이 있는 삶을 추구하며 계간지와 책을 발행하는 '킨포크'의 컬래버레이션으로 탄생했다.

"건축에서 가장 중요한 것은 경험과 느낌을 상상하는 능력이다." 건축가이자 햅틱(촉각) 디자인의 선구자 유하니 팔라스마의 말이다. "분위기, 즉 공간의 전체적인 인상은 우리가 날씨를 느낄 때처럼 모든 감각을 통해 다가온다. 이는 매우 복잡한 현상이지만 한편으로는 지극히 단순한 경험이기도 하다."

이 책은 인간 중심의 건축 디자인을 '빛, 자연, 물질성, 색, 공동체' 이렇게 다섯 가지 본질적 분류로 나누어 설명한다. 전 세계 25곳이 넘는 주택과 숙소, 상점, 미술관, 학교 등의 사례로 햅틱(촉각) 디자인이 인간의 감각을 얼마나 섬세하게 만들고 풍부한 경험을 하게 만드는지 보여 줄 것이다. ——

A

LIGHT

빛

LIGHT

ACNE
STUDIOS

아크네 스튜디오

Sophie Hicks

플래그숍, 서울, 대한민국

2015

아크네 스튜디오 — 도시의 삶이 사방을 둘러싸고 하늘이 낮게 드리운 곳에 자리한 아크네 스튜디오 플래그숍 서울 청담점에서는 조용한 빛이 은은하게 흘러나온다. 바닥부터 천장까지 라이트박스 느낌으로 벽이 이어지는데, 이 초현실적인 건물의 육중한 콘크리트 골격은 도시에 매여 있다.

플래그숍, 서울, 대한민국

"구조물은 은은하게 빛나는 흰 벽에서 뒤로 물러나 있다. 마치 투명한 회색 그림자의 틀에 매달려 있는 듯하다. 빛으로 된 새장이 거대한 콘크리트를 가둔 꼴이다."

소피 힉스는 영국에서 건축가로 활동 중이다. 잡지 《태틀러》와 영국판 《보그》에서 패션 기자로 일했으며, 1997년 사치 갤러리의 컬렉션으로 열린 전시회 〈센세이션〉에서 전시 디자이너로 활동하기도 했다.

아크네 스튜디오 청담점은 간판부터 눈길을 사로잡는다. 건물 앞에는 콘크리트 석판이 세워져 있고, 석판에는 'Acne Studios'라는 흰색 글자들이 빛난다. 바닥의 풀밭에는 산딸기 같은 흔한 스웨덴 식물들이 심겨 있다.

손님들은 아스팔트를 가로질러 스웨덴의 작은 정원을 지나게 된다. 그리고 공중에 떠 있는 듯한 세 개의 콘크리트 계단을 올라 매장 입구 역할을 하는 넓은 계단참에 오르면, 부드러운 빛이 흘러나오는 반투명의 폴리카보네이트 벽과 마주하게 된다. 투명한 유리문을 열면 반질반질한 콘크리트 바닥이 보인다. 여기에서 손님들은 잠시 멈춰 서서 공중을 향해 나선형으로 올라가는 계단을 바라본다. 이 육중하고 음울한 콘크리트 괴물을 오를지 말지 결정

해야 하는 순간이다.

이것이 건축가 소피 힉스가 건물을 그리는 방식이다. 런던에 본사를 둔 소피 힉스 건축회사 대표 소피 힉스는 이 작은 매장 안에 거대하고 평평한 모양의 콘크리트 구조물을 들여놓았다. 3,000킬로그램에 달하는 십자가 모양의 기둥 여덟 개가 바닥을 거침없이 디디고 서 있다.

초벽질만 한 거친 기둥이 매끄러운 바닥을 뚫은 듯, 바닥은 십자가 모양으로 파여 있다. 얇은 철제 테이블, 가느다란 옷걸이와 정갈하게 걸린 몇 가지 옷들과 신발들, 거울 하나, 천장에서 비추는 은은한 빛이 전부다. 구조물은 은은하게 빛나는 흰 벽에서 뒤로 물러나 있다. 마치 투명한 회색 그림자의 틀에 매달려 있는

스테인리스 구조물은 전 세계 아크네 스튜디오에 공통으로 적용되는 디자인 요소다.

"전기 조명과 자연광이 어우러진 모습은 일정하고, 무지향적이며, 그림자가 거의 지지 않는다. 윤기 나는 바닥과 먼지 없이 정돈된 스테인리스 가구 위로 흐릿한 반사광이 어른거린다. 벽의 디퓨저에서 청결하고 서늘한 향기가 조용하고 빠르게 퍼진다."

듯하다. 빛으로 된 새장이 거대한 콘크리트를 가둔 꼴이다.

"비현실적이며, 서울의 풍경과 동떨어진 고립된 분위기"라는 힉스의 말처럼 전기 조명과 자연광이 어우러진 모습은 일정하고, 무지향적이며, 그림자가 거의 지지 않는다. 윤기 나는 바닥과 먼지 없이 정돈된 스테인리스 가구 위로 흐릿한 반사광이 어른거린다. 벽의 디퓨저에서 청결하고 서늘한 향기가 조용하고 빠르게 퍼진다. 음악은 공간과 분리되어 흐른다. 힉스는 이를 "비현실적인 감각을 증폭시키기 위한 것"이라고 밝힌다. 고층 건물, 가로등, 전선 등 도시의 전형들이 건물을 둘러싸고 있지만 안으로 들어오면 도시의 소음에서 멀어진다.

밤이 되면 신비한 분위기의 간판 뒤로 커다란 건물이 라이트박스처럼 은은하게 빛난다. 깔끔하게 이어진 지붕선과 그 위에 설치된 공기관, 송풍기에 빛들이 부딪친다. 극도로 절제된 건물임을 생각할 때 놀라울 정도로 크고 복잡한 장치다. 실내와는 다른 분위기로 눈길을 사로잡는다. ——

LIGHT

YAKUMO
SARYO

야쿠모 사료

Simplicity

식당, 도쿄, 일본

2009

야쿠모 사료 — 일본 도쿄의 교외에 있는 식당 야쿠모 사료는 '여덟 개의 구름'이라는 뜻이다. 이름에서 연상되는 분위기를 풍기는 곳이다.
바람과 공기가 잘 통하는 실내에서 정갈한 요리를 즐길 수 있다. 공간을 가로지르며 출렁이는 빛과 그림자로 인해 한층 부드럽게 느껴진다.

야쿠모 사료를 설계한 심플리시티 스튜디오는 전통 공예 기법으로 사물의 현대적인 느낌을 더욱 견고히 한다.

야쿠모 사료의 저녁 식사는 회원제로 운영
되지만 조식과 차는 예약만 하면 누구든 즐
길 수 있다.

야쿠모 사료는 식당 겸 디자인 숍이다. 도쿄의
화려한 네온사인에서 몇 광년은 떨어진 듯 보
이지만 지하철역에서 15분 남짓 거리에 있다.
오가타 신이치로는 평소 다니던 산책로를 걷
다가 야쿠모 지역으로 이어지는 언덕 위에서
한 개인 주택을 발견했다. "정문으로 들어서면
초록색 풀과 나무가 가득한 정원이 보인다. 그
나무들 사이로 비집고 들어온 햇살은 대문 밖
거리에 쏟아지는 햇빛보다 한층 더 부드럽다."

이렇게 말하는 오가타는 디자인 사무소 심플
리시티 설립자다.

2009년 문을 연 야쿠모 사료에서는 오가타
가 전통 일본식 고급 요리인 '가이세키'를 재해
석한 요리를 만날 수 있다. 작고 아름다운 접
시에 담긴 제철 음식들은 먹는 즐거움 못지않
게 보는 즐거움도 선사한다. 그는 자연광을 선
호하는데, 음식의 섬세함과 경험을 강조하기
위해서다.

손님들은 저녁 식사 후 정원에서 화과자를
만드는 모습을 구경할 수 있다.

"빛은 분위기와 공기를 만드는 원천이다.
빛은 부드러움과 따스함을 연출하는 중요한
요소다." 오가타의 말이다. 야쿠모 사료는 가
능한 자연광이 많이 흐르도록 천장에 채광창
을 내고 바닥에서 천장까지 유리창을 냈다. 오
가타는 "자연광은 소중하고 아름다운 빛이다.
낮에는 자연광을 흠뻑 흡수하고, 늦은 오후와
저녁에는 빛을 최소화한다. 유리창으로 들어
온 햇빛이 계절의 변화와 시간의 흐름에 따라
시시각각 다르게 그림자를 드리우는 것을 보

는 일은 참으로 근사하다"라고 말한다.
매일 이곳을 스치는 빛은 차에 곁들인 음식
의 가장 섬세한 부분을 비추고, 직접 만든 화
과자와 각종 식기와 다기들을 구석구석 비춘
다. 이 모든 것들이 오가타의 전통적인 방침이
다. 야쿠모 사료는 초대받은 손님에게만 식사
를 대접하는 일본 유흥업소의 오랜 전통을 따
른다. 이곳에는 극히 일부 사람들만 향유할 수
있는 분위기가 있다. ──

이 식당은 단순함을 강조한 한적한 쇼룸으로도 사용된다

ON

빛에 관하여

LIGHT

건축에서 빛을 논하려면 어둠에서 시작해야 한다. 옛날 건축은 두꺼운 벽과 지붕이 어둠을 가두었으며, 벽난로 불빛으로 윤곽과 동작을 구분했다. 이 어두운 불은 점차 특별한 의미를 지니게 되었다. 일본의 소설가 다니자키 준이치로는 "선조들은 어두운 방에서 살 수밖에 없었으며 그러다 보니 그림자의 아름다움을 발견하게 되었다"라고 말한다.

빅토리아 시대의 예술 평론가 존 러스킨은 건축가들에게 음영을 생각하는 습관을 기르라며, 건축물을 종이 위의 선들의 집합으로 생각하지 말고 불분명함에서 생겨나는 창조물로 보라고 당부했다. 또한 새벽빛이 비칠 때와 땅거미가 내려앉을 때 건축물이 어떤 모습일지를 생각하라며 빛과 어둠을 건축의 가장 중요한 요소로 꼽았다.

20세기에는 전기가 거대한 공장과 창고, 사무실을 환히 비추며 어둠과 그림자를 추방했다. 은은한 빛은 무력해졌다. 노동자들은 창에서 멀어져 전깃불 아래에서 일했으며, 임원들은 위치 좋은 사무실에서 커다란 창으로 도시를 내려다보았다. 전기는 밤의 건물 분위기도 바꾸었다. 백열등과 형광등, 매립형 조명, 빛을 내는 벽과 천장 등을 이용해 20세기 중반 건축 조명의 선구자 역할을 한 리처드 켈리 같은 디자이너들도 무거운 밤의 건축물의 분위기를 바꾸는 데 큰 역할을 했다.

하지만 전기 조명은 해가 뜨기 시작하면 초라해진다. 햇살은 밤새 쌓인 어둠을 갈퀴로 긁어내 한쪽으로 치운 뒤 나무와 표지판, 의자, 개, 바삐 걷는 사람들의 긴 그림자로 그 자리를 채운다. 햇빛은 침실과 주방 창문을 가로질러 정적이고 어둑한 벽에 환한 빛을 드리우고 깔개, 수납장, 의자, 식탁, 커피잔들을 감싼다.

로마 시대 신전 판테온의 돔 천장에 난 원형 창 오쿨루스로 들어오는 둥근 빛은 고대의 콘크리트 코퍼들을 천천히 돌며 내려와 이른 아침의 참배객과 관광객들 아래로 떨어진다. 태양이 높게 뜰수록 벽면에 띠 모양으로 튀어나온 코니스 아래로 그림자는 짙어지고 아칸서스 잎사귀는 더욱 예리하게 드러난다. 태양이 복잡한 그림자를 그리기 시작하는 모든 곳, 정교하게 조각된 사찰의 정면이나 탑, 대성당의 첨탑 위에서 "그림자는 고대 건축의 붓놀림이다"라는 프랭크 로이드 라이트의 말이 떠오른다.

장식 없이 넓은 현대의 건물은 햇빛을 흡수해 입체감을 드러낸다. 르코르뷔지에가 현대 건축가들에게 "건축은 숙련되고 정확하고 장엄하게 볼륨들을 빛 속으로 모으는 작업이다"라고 상기시킨 바 있다. 아침의 옅은 분홍빛이 점점 강해지고, 곡선의 표면에는 구부러지면서 미묘하고 아름다운 그늘이 드리워지고, 스틸과 유리는 눈부시게 반짝이고, 평평한 벽들은 빛난다.

건축에서 햇빛의 역할은 아주 막대하다. 서서히 변하는 햇빛의 리듬은 사람의 기분과 건강에 영향을 미친다. 빛은 시간, 계절과 날씨, 구름의 흐름을 알려 준다. 빛을 위대하게 활용하는 건축가 안도 다다오는 강렬한 햇빛의 지극히 일부만 건축물에 사용한다. 그가 들인 눈부신 빛은 지극히 짧은 순간에 매끄러운 콘크리트 벽을 가로질러 깊숙이 들어온다. 그리고 천천히 포물선을 그리며 그림자를 거둬들인다.

디자이너들은 그림자를 이용해 빛의 아름다움을 강조하곤 한다. 나무를 심어 잔디밭과 길에 시원한 그늘을 드리우고, 나무의 그림자로 거친 건물 외벽에 글자를 휘갈겨 쓴 것 같은 효과를 내기도 한다. 블라인드와 루버는 빛을 끊어 태양의 강렬함을 최소화한다. 이처럼 태양광의 무절제한 눈부심은 건축가에게 빛과 그림자를 섬세하게 다루어야 한다는 숙제를 남긴다. ──

> "태양이 복잡한 그림자를 그리기 시작하는 모든 곳, 정교하게 조각된 사찰의 정면이나 탑, 대성당의 첨탑 위에서 '그림자는 고대 건축의 붓놀림이다'라는 프랭크 로이드 라이트의 말이 떠오른다."

《그늘에 관하여》는 1933년에 출간된 일본 작가 다니자키 준이치로의 에세이다. 일본 미학의 빛을 발하는 책으로, 빛과 그림자가 서로 의존하는 것이 어떻게 일상의 순간들을 평온함과 아름다움으로 변화시키는지를 잘 표현하고 있다.

글: 알렉스 앤더슨

LIGHT

PH
HOUSE

PH 하우스

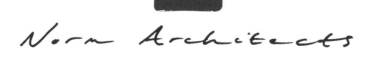

레지던스, 코펜하겐, 덴마크
2018

PH 하우스 — 20세기 중반 조명 디자이너 폴 헤닝센이 여름 별장으로 사용하던 곳이 현대의 가족을 위한 공간으로 섬세하게 재탄생했다.
오랜 역사를 간직한 이 별장은 다시 한번 빛으로 가득하게 되었다.

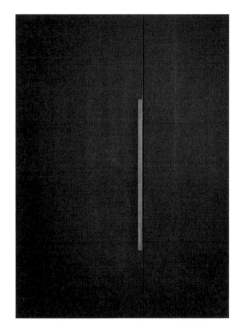

아일랜드 식탁 위의 조명들은 1958년 폴 헤닝센이 덴마크 조명 제조업자 루이스 폴센을 위해 만들었다.

폴 헤닝센은 겹겹으로 된 부드러운 갓 조명으로 유명하다. 조명 디자인에서 상징적인 존재인 헤닝센은 특히 그림자와 빛을 탁월하게 조율한다.

놈 아키텍츠는 화재로 훼손된 이 별장을 세 식구가 살 모던한 집으로 개조했다. 놈 아키텍츠의 건축가 요나스 비예어 폴센은 이 집의 유산을 보존하기 위해 각별히 노력했다. 원래의 외관을 최대한 복구하고, 웨인스코트 벽과 쪽모이 세공 방식의 마루, 조각 창 등 이 집만의 특징을 다시 살렸다. 실내는 모던하게 리모델링했는데, 1층 방들을 나누던 작은 벽들을 허물어 커다란 거실을 만들었다. 빛이 쏟아져 들어와 그 공간을 가득 메웠다.

비예어 폴센은 말한다. "전망이 확보되고 동선도 자유로워졌으며 한낮의 빛이 아무런 걸림돌 없이 집 안 이곳저곳을 자유롭게 흘러 다닌다. 더 밝고, 환하고, 섬세하고, 통풍이 잘 되는 공간이 되었다. 이런 공간은 기분도 바꿔 준다."

계단은 단단한 오크 나무로 만들어 떠 있는 형태다. 이 계단은 지하실과 1층, 2층을 수직으로 유연하게 이어 주고 건축물에 높이감을 더해 준다.

"이곳 스칸디나비아에서는 한낮의 빛이 매우 중요하다. 특히 하루 종일
하늘이 음울한 잿빛인 겨울에는 더욱 절실하다. 그래서 빛을 반사하는
재료와 컬러의 선택이 중요하다."

짙은 색의 스모크오크 주방은 놈 아키텍츠
와 덴마크 주방 제조업체 리폼의 컬래버레
이션으로 탄생하였다.

자연광은 흰 벽에 부드럽고 싱그럽게 반사
되고, 주방의 오크와 티크 나무로 된 미드센추
리 풍의 가구, 욕실의 도자기 작품 등 짙은 색
물건에 스민다. 주방 식기장의 청동 손잡이나
욕실의 수도꼭지처럼 손이 직접 닿는 것들은
햇볕이 닿으면 온기가 더해진다.

"이곳 스칸디나비아에서는 한낮의 빛이 매
우 중요하다. 특히 하루 종일 하늘이 음울한 잿
빛인 겨울에는 더욱 절실하다. 그래서 빛을 반
사하는 재료와 컬러의 선택이 중요하다. 이 집
은 이제 아침에는 붉은빛이, 낮에는 차분하고

밝은 빛이, 오후에는 노란빛이 집 안 곳곳을 돌
아다닌다." 비예어 폴센의 말이다.

고상한 대리석 대좌나 헤닝센의 삶의 방식
을 닮은 우아한 가구들은 거의 남아 있지 않다.
교외 지역에 위치한 이 레지던스에는 더 이상
푸른색 천장, 피스타치오색 벽, 붉은 문과 같
은 유쾌한 컬러 조합이 없지만 헤닝센의 고풍
스러운 조명 디자인만큼은 풍부하게 반영했으
며, 그의 조명에 담긴 인내와 영원성을 강조하
고 있다. ──

RICARD

CAMARENA

RESTAURANT

리카르 카마레나 레스토랑

Francesc Rifé

레스토랑, 발렌시아, 에스파냐

2017

리카르 카마레나 레스토랑 — 오랫동안 잊힌 산업용 건물이 온갖 매체에서 극찬하는 레스토랑으로 탈바꿈했다. 단순한 인테리어를 한 삼각형의 공간에 빛이 쏟아져 들어와 새로운 결을 더했다. '나쁜 공간은 없다. 다만 상상력의 결여만 있을 뿐'이라는 말을 입증하기라도 하듯.

프란세스 리페와 리카르 카마레나는 발렌시아에 있는 카마레나 소유의 레스토랑 해비츄얼에서도 함께 호흡을 맞췄다. 해비츄얼은 편안한 지중해식 요리 전문점이다.

"절제는 혁신을 만든다." 이 유명한 디자인 명언은 건축가 프란세스 리페가 발렌시아에 있는 제한적이고 기이한 삼각형 모양의 공간을 미슐랭 별점을 받는 레스토랑으로 변화시켰다. 2017년에 완공된 이 레스토랑은 원래 1930년대 아르데코 장식이 있는 수압펌프 공장이었다. 여느 건축가라면 모퉁이가 많고 주방 공간이 부족한 것이 걸림돌이라고 생각했겠지만 리페에게는 꿈을 실현할 혁신적인 장치로 보였다.

미술품이 걸린 비좁은 통로가 계산대부터 식사 공간까지 이어진다. 곧이어 놀랍도록 큰 공간이 펼쳐지며 환상이 공간을 지배한다. 호두나무로 만든 격자무늬 벽에 파노라마 형식의 유리문이 나 있고, 그곳으로 빛이 한가득 쏟아져 들어온다.

"우리 프로젝트의 기본적인 요소는 단순함, 질서, 감성이다. 자연광이든 인공광이든 빛이 가장 중요한 요소다. 낮 동안에는 자연광에 의존하는데, 이는 이 공간이 끊임없이 변화한다는 이야기이자 그 안에 마법이 숨어 있다는 뜻이다." 리페의 말이다.

리페는 마르셋과 루이스 폴센의 조명으로 장식을 더했다. 44

"우리 프로젝트의 기본적인 요소는 단순함, 질서, 감성이다. 자연광이든 인공광이든 빛은 가장 중요한 요소다. 낮 동안에는 자연광에 의존하는데, 이는 이 공간이 끊임없이 변화한다는 이야기이자 그 안에 마법이 숨어 있다는 뜻이다."

손님들은 도처에서 호두나무가 주는 변화를 감상할 수 있다. 나무 특유의 일관성은 색과 윤기와 결을 섬세하게 돋보이게 해 주는데, 지나치게 자극적인 공간에서는 그 섬세함을 잃어버린다. 이 미묘한 화폭에서는 언저리가 낡고 닳은 벽돌도 눈길을 끈다.

이곳의 요리는 창의적이면서 지역 농산품을 존중하고 아끼는 방식으로 조리된다. 공간의 단순함이 그런 요리와 잘 어울린다. 테이블 위에 고정된 인공조명이 레스토랑의 주인공인 음식들을 은은하게 비춘다.

주방 역시 빛의 구성에서 대단히 중요한 역할을 한다. 모든 테이블에서 우편함 구멍처럼 생긴 틈을 통해 이 레스토랑의 심장인 주방을 볼 수 있다. 이런 개방성은 빛을 토대로 한 예술일 뿐만 아니라 가장 놀라운 연금술이자 일시적 예술인 요리를 통한 시각적 상징성을 창출한다. 식사를 하며 주변 환경에 익숙해지고 난 뒤에도 이런 식의 드라마와 놀라움이 한참 동안 계속 된다. ──

JOHN

존 포우슨

PAWSON

번스 당신의 건축 프로젝트에서 빛은 밝게 하는 기능 외에 어떤 역할을 합니까?

포우슨 건축가들은 재료, 규모, 비율을 고민하고 이 요소들 간의 관계를 만들고 그것들이 공간에서 어떻게 펼쳐질지를 고민합니다. 이때 빛은 정말 중요합니다. 빛은 공간의 분위기를 시시각각 바꿉니다. 사람들마다 다르게 느낄 수 있지만, 빛은 전체적으로 차분함을 연출하죠.

번스 종교 공간도 리모델링했던데, 빛으로 가득한 공간과 신성함은 왜 그렇게 밀접할까요?

포우슨 체코의 노비 드보르 수도원에서 하루 일곱 번 수행하는 수도사들을 만났습니다. 교회에서 매일 일곱 시간을 보낸다면 누구라도 낮에는 태양이 뜨고 지는 광경을 관찰하고, 밤에는 달을 즐거이 관찰할 겁니다. 땅 위에 드리운 태양과 달의 빛을 따라갈 수도 있지요. 저는 그 안에 어떤 유대감과 영성이 있다고 생각합니다. 사람들이 선함을 느끼도록 디자인된 공간이죠. 교회든 가정집의 응접실이든 분위기가 없는 곳은 제 프로젝트가 아닙니다. 분위기가 없으면 건축이 아니니까요.

번스 빛을 어디까지 조절할 수 있습니까? 어떤 면에선 당신의 건물이 컬러처럼 보일 때도 있습니다. 가령 푸른색이나 노란색 덩어리처럼 말이죠.

포우슨 흰색 벽은 절대 우리가 생각하는 단순한 흰색이 아닙니다. 100가지 다른 음영이 생기죠. 빛이 반사되는 흰색 벽이라면 하루 종일 특별한 변화를 감상할 수 있습니다. 런던에서 모퉁이 집에 살았는데, 맞은편 집들의 창문에 아침 햇살이 반사되어 우리 집으로 들어왔죠. 그건 정말 특별한 일이었어요. 동쪽에서 뜬 태양이 우리 집 서쪽 벽을 비췄으니까요. 동시에 서쪽 벽에서 반사된 빛이 우리 집 동쪽 벽에도 반사되었어요. 이런 현

John Clifford Burns

"땅 위에 드리운 태양과 달의 빛을 따라갈 수 도 있지요. 저는 그 안에 어떤 유대감과 영성 이 있다고 생각합니다. 사람들이 선함을 느 끼도록 디자인된 공간이죠."

2015년 11월, 포우슨이 쓴 글의 서두는 이렇게 시작한다. "빛은 어떤 대상을 다르게 보고 이해하게 만드는 힘이 있 다. 어떤 공간에서 느끼는 감정에 빛보다 더 깊은 영향을 미치는 단일 요소는 아마 없을 것이다."

상은 하루 중 몇 분 동안에만 일어나는데, 꽤 근사했어요.

번스 인공조명은 어떻게 활용하나요?

포우슨 우리 회사는 초창기부터 아놀드 챈 등 조명 디자이너들과 함께했습니다. 숨겨진 빛의 원천을 정교하게 조합하기 위해서죠. 요즘 전기 조명은 대단히 디테일해서 도움이 많이 됩니다. 하지만 설계대로 딱 맞춰 인공 조명이 완성되어도, 여전히 자연광에는 자연 광만의 어떤 여유가 있다고 생각합니다.

번스 스웨덴 기업 바에스트베르그에 전기 조명 대신 등유 램프를 적용한 이유가 있습니까?

포우슨 밤에 조명을 낮고 자연스럽게 하기란 대단히 어렵습니다. 처음에는 불꽃의 빛이 모던하지 않다고 생각했어요. 기능적이지 못하고 그때그때 분위기도 크게 달라지니까요. 그런데 요즘은 우리 집 벽난로가 참 근사하다는 생각이 들어요. 제가 바에스트베르그에 디자인해 준 등유 랜턴은 꽤 큰데, 정말 존재감이 있죠. 몇 개만 켜도, 심지어 꺼놓아도 공간을 근사하게 만들어요. 일종의 전환 장치라고나 할까요.

번스 디자인에서 보이는 것만큼이나 느낌이 중요하다고 하셨는데, 무슨 의미인가요?

포우슨 똑같은 방에서 여러 사람이 각각 사진을 찍으면 저마다 그 방을 다르게 해석하죠. 똑같은 카메라, 똑같은 위치에서 찍어도 다 달라요. 건축가 역시 선택한 재료를 사용하는 방법이 다 다릅니다. 차갑게 들릴지 모르겠지만 그것을 에디팅editing이라고 합니다. 재료들을 한데 모으는 작업이죠. 이 과정에서는 어떤 느낌을 주느냐가 전부예요. 사람들이 제가 만든 공간이나 방에 처음 들어왔을 때 탄성 같은 소리를 내는 걸 들었어요. '아' 하는 소리요. 건축 디자인은 그래야 한다고 생각합니다. ——

LIGHT

CORBERÓ RESIDENCE

코르베로 레지던스

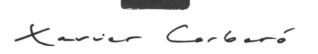

레지던스, 바르셀로나, 에스파냐

1968

코르베로 레지던스 ― 초현실적인 걸작. 집. 바르셀로나 가장자리에 울리는 미완성 교향곡. 조각가 자비에르 코르베로의 카탈루냐 사유지를 통과하는 논리적인 길은 없으며 물리적인 법칙이 적용되는 것들 외에는 그 기이함에 한계가 없다.

이 집에는 25개의 방이 있다. 죽기 전 코르베로는 이곳에 호텔을 짓고 싶어 했다.

"한편에는 현무암과 분홍색 대리석으로 만든 코르베로의 조각품들이 있
다. 햇빛이 중앙에서 천천히 이동하면 집 안의 작품들이 하나씩 빛을 받
으며 강조된다."

바르셀로나에서 가장 유명한 불후의 건축물
들을 만든 안토니 가우디는 코르베로의 할
아버지와 친구였다. 야심 차고 드높은 초현
실주의적인 그의 작업은 젊은 코르베로에게
영감을 주었다.

자비에르 코르베로는 세상에서 가장 큰 만화
경 같은 건축물을 지었다. 카탈루냐에는 그의
거처 10여 개가 흩어져 있는데, 그 한가운데에
6층짜리 구조물이 현대판 피사의 사탑처럼 솟
아 있다. 텅 빈 탑에는 식물들이 매달려 있고,
아치형 창으로 초현실적인 빛이 들어와 모더
니즘의 걸작 내부를 비춘다.

코르베로는 세계적인 조각가이지만 그가
남긴 진정한 유산은 그의 집이다. 전면 개방형
의 방들은 다양한 접근 방식의 장식들을 보여

준다. 코르베로의 친구이자 초현실주의 화가
살바도르 달리의 사진이 고대 중국식 병풍 뒤
에 가려져 있고, 르코르뷔지에의 긴 의자가 페
르시아산 카펫 위에 놓여 있다. 한편에는 현무
암과 분홍색 대리석으로 만든 코르베로의 조
각품들이 있다. 햇빛이 중앙에서 천천히 이동
하면 집 안의 작품들이 하나씩 빛을 받으며 강
조된다. 한 모퉁이에는 암체어가 있다. "나는
그곳에 거의 모든 것이 보이는 자리를 만들고
싶었다"라고 코르베로는 말했다.

한번은 살바도르 달리가 코르베로에게 그의 작품을 구매하겠다며 전화를 걸었다. 하지만 코르베로는 장난 전화인 줄 알고 자신은 성당 주교라고 대꾸하고는 끊었다고 한다.

개인 숙소 바깥쪽에 있는 방들은 유흥과 전시를 위한 곳이다. 무어식의 모던한 방들이 연결되어 있고, 어떤 곳은 아라베스크식의 곡선으로 윤곽을 드러낸다. 현대적인 가구들이 놓인 복도의 벽이 수도원처럼 흰색인 곳도 있다. 늘 그렇듯 옛것이 새것을 만난다. 17세기 에스파냐의 분위기를 풍기는 단단한 나무 문들이 있는가 하면 리모컨으로 여닫는 신기한 문도 있다. 코르베로는 가짜 벽과 허공으로 통하는 가짜 계단으로 방문객들을 미로에 빠지게 만들기도 한다.

코르베로의 집을 촬영지로 섭외하러 온 사진가이자 영화제작자 다니엘 리에라는 "이 집은 미래파 예술가의 그림에서 튀어나온 것 같은, 정말 꿈을 꾸는 것 같은 공간이다"라고 말한다. 리에라에게 마법은 공간에 있는 화려한 요소들이 아니라 집의 인테리어와 각각의 요소들이 서로 섞여 전시된 방식이다. "실내가 극단적으로 사진이 잘 나오는 상상 속 공간 같다. 하지만 밖에서 보면 안에서 무엇을 보게 될지 상상할 수 없다는 게 속임수다." 리에라의 말이다. ——

이 구조물은 약 4,500제곱미터에 달하는 부지에 퍼져 있으며, 40년에 걸쳐 지어졌다.
코르베로는 이곳을 가리켜 "실재하는 공간이 아닌 정신적 공간이 중요시되는 집"이라고 말했다.

B

NATURE

자 연

NATURE

COPPER

HOUSE II

코퍼 하우스 II

Studio Mumbai

레지던스, 촌디, 인도

2010

코퍼 하우스 II — 인도 촌디. 망고나무 숲에 자리 잡은 스튜디오 뭄바이의 레지던스는 두 가지 상반된 바람을 이어준다. 하나는 자연을 실내에 들이는 것이고, 다른 하나는 자연으로부터 보호받을 수 있는 안식처를 만드는 것이다. 나무로 된 얇은 벽은 자연과 빛과 손님을 안으로 맞이한다. 가운데에는 비밀스러운 뜰이 있다.

이 지역에는 우물에서 출토한 흙이 쌓여 생긴 언덕이 있다. 코퍼 하우스 II는 그 언덕에 자리 잡고 있다. 높은 곳에 지어 물이 범람할 때 침수되지 않도록 했다.

코퍼 하우스 II의 마당에는 물결무늬 돌들이 가지런히 깔려 있고 그 위에 커다란 바위가 있다. 해가 천천히 움직이면서 직사각형 모양으로 그 공간에 빛을 드리운다. 끊임없이 지저귀는 새소리와 조용한 풀벌레들의 날갯짓이 축축한 공기를 가득 메운다. 싱그럽게 만발한 초록 풀과 그림자를 드리운 방, 얕은 구리 지붕이 보인다. 우기에는 비가 바위 위로 떨어지고, 바위 아래는 물이 고인다. 바위를 둘러싼 지붕에서도 물줄기가 커튼처럼 드리워 바위를 건드린다.

평평한 처마를 두른 통로, 주방, 탁 트인 다이닝룸, 공기가 통하는 거실이 마당과 집을 에워싼 무성한 망고나무들 사이에 한 조각 공간을 만든다. 스튜디오 뭄바이의 설립자 비조이 자인은 나무로 된 스크린 같은 벽을 두고 말한다. "이 벽은 실내와 실외 사이의 거의 투명에 가까운 막이다. 공기와 빛, 분위기가 이 스크린을 통과한다." 두꺼운 회반죽으로 된 벽들은 보다 사적인 공간을 마련하며, 구리로 된 지붕 아래 있는 위층의 침실 두 개는 보호와 포용 사이의 간극을 조절하는 개방성 덕분에 밖이 내다보인다. 세로로 홈이 새겨진 유리창은 빛을 퍼지게 해 편안한 고요함을 연출한다.

65

"이 벽은 실내와 실외 사이의 거의 투명에 가까운 막이다. 공기와 빛, 분위기가 이 스크린을 통과한다."

지붕을 덮고 있는 금속 이름을 따서 이름을 붙였지만 코퍼 하우스의 특징은 아름답게 짜맞춘 스크린과 벽, 천장, 계단에 사용된 인도의 월계수라 할 수 있다. 깊고 다채로운 갈색은 마당의 회색 질감과 주변 초목의 선명한 녹색과 무척 잘 어울린다.

이 집은 살짝 높은 지대에 있는데, 폭우가 내릴 때 빗물을 아래로 흘려보내기 위해 비탈길에 검은 현무암을 깔아 놓았다. 비는 망고나무 아래로 스며들어 남쪽에 있는 야생의 늪지대와 강으로 흘러간다. 거실에서는 싱그러운 초록색 잔디가 보이고 잎이 무성한 나무 아래 돌로 만든 수영장에는 잔물결이 일곤 한다. 좀 멀찍이 있는 깊은 아르투아식 우물 바닥은 건조한 여름이 몇 달씩 지속되어도 마르지 않는, 유구히 존재하는 지하수에 닿아 있다. ──

외벽은 나무 널로 틀을 짠 구리 스크린으로 되어 있으며, 실내는 회반죽 석회로 벽을 발라 더욱 아늑한 느낌을 연출했다.

LOS TERRENOS

로스 테레노스

Tatiana Bilbao

레지던스, 몬테레이, 멕시코

2016

로스 테레노스 — 바위와 나무로 뒤덮인 푸른 산자락 교외의 집. 거의 모든 면이 거울로 되어 있어 주변의 작은 풀들까지 비춘다. 미풍에 나뭇잎들이 흔들리거나 하늘의 구름이 바뀔 때마다 집의 모습도 시시각각 달라진다.

화장실과 침실 공간의 벽은 토양을 다져 만든 판축과 진흙 벽돌로 만들었다

로스 테레노스의 정원에는 곡선형의 수영장
과 테라코타 마감재. 돌로 된 벽과 지역 식
물들이 풍부하다.

로스 테레노스는 몬테레이 근처 숨 막히게 아
름다운 산에 자리 잡았다. "우리는 이 집을 숲
의 성지로 만들고 싶었다." 건축가 타티아나
빌바오의 말이다.

　이 건물은 도심 가까이 있지만 외딴 시골
에 홀로 있는 듯한 느낌을 준다. 숲의 색과 향
에 푹 파묻힌 이 집은 자연 지형을 활용해 집
의 보호 기능을 살렸다. 거실과 주방, 다이닝
룸이 있는 중심 건물 외벽은 거울로 되어 있어
주변 나무들이 그대로 반영된다. 고도의 위장
술을 펼친 듯 은둔성이 두드러진다. 의뢰인은
숲에 있는 기분이 들면서도 보호받는 느낌이
드는 공간을 원했다.

　타티아나가 선택한 재료들은 건축 환경에
대해 생각하게 해 줄 뿐 아니라 어떻게 보면 단
절된 상자들에 지나지 않을 구조물들을 하
나로 통합시켜 준다. 유리, 나무, 점토는 디자
인적 기능을 한다. 중심이 되는 거실 공간에서
는 단면 거울이 지배적 요소다. 실내에서 보면

유리로 바깥의 숲이 훤히 내다보이지만 외부
에서는 내부가 보이지 않는다. 직사광선도 막
고, 완전히 노출되어 있다는 느낌도 막아 준
다. "외부는 거의 자연을 그대로 반영하지만
실내 공간에서는 자연 속에 있는 자신을 투영
하게 된다." 빌바오의 말이다.

　흙벽돌은 마루와 벽뿐 아니라 격자형으로
배치된 투과성 칸막이에도 사용되었다. 주변
의 흙과 대비되어 아늑한 분위기를 자아내는
분홍색 테라코타로 된 두 번째 건물에도 이 흙
벽돌이 사용되었다. 각 방에는 마루부터 천장
까지 이어진 창이 자연을 향해 나 있다. 나무로
된 창틀은 인테리어 효과도 낸다.

　전반적으로 거주자와 숲이 끊임없이 대화
를 하게 해 주는 공간이다. 숲은 번잡한 도시
에서 아주 가까운 곳에 있다. 타티아나는 말한
다. "도시에서 이 숲까지 걸어서 8분 거리다.
하지만 이 숲에 있다 보면 아무도 없는, 모르
는 공간에 있는 기분이 든다."

ON

자연에 관하여

NATURE

아이는 집을 그릴 때 다섯 개의 선부터 그린다. 바닥에 하나, 벽에 두 개, 비스듬하게 경사진 지붕 선 두 개. 대단히 예리하다. 건축 이론가들도 집은 바닥과 벽과 지붕으로 이뤄지며, 이 세 요소들로 '실외'와 '실내'의 개념을 만든다고 정의한다. 하지만 실험 건축학자 레이철 암스트롱은 "실내와 실외에 대한 전통적 접근 방식은 거주자와 생활공간, 환경, 생태, 생물권이 서로 교류할 수 있는 조건을 만들지 않으며, 자연을 '소비'하고 '사용'해야 할 대상으로 보기 때문에 자연으로부터 인간을 격리시킨다"라고 말한다.

주변과 전혀 어울리지 않는, 다른 곳에서 건물만 떡하니 가져온 것 같은 건축물들이 더러 있다. 시원한 공기를 들이마실 수 있지만 창문은 열리지 않는 사무실도 있다. 작가 리처드 루브는 우리의 정신적, 신체적 나약함과 폐쇄성을 '자연결핍장애'라는 말로 표현한다.

건축가가 자연과 인간의 유대감을 확장시키면 어떤 모습일까? 고대 '바빌론의 공중정원'은 고향의 숲과 골짜기를 그리워하는 여왕을 위해 만든 것이다. 인간을 자연에 더 가까이 있게 해 주는 건축의 상징이다. 주위의 전통 건축물들도 내부와 외부의 경계를 부드럽게 와해시킨다.

이런 건축물은 기후와 지형, 그 지역의 문화에 깊이 뿌리를 두고 있다. 발리에서 이엉을 인 지붕과 코코넛 나무로 만든 오두막에 있노라면 숲 한가운데 있는 기분이 든다. 도마뱀들이 벽을 사각거리며 긁는 소리가 들리고 비가 내리면 집이 숨을 쉬는 것 같은 느낌. 기둥으로 마루를 높이는 경우도 있다. 이렇게 뜬 구조의 마루는 폭우로부터 집을 보호하고 온갖 짐승들로부터도 약간의 거리를 유지해 준다.

르코르뷔지에는 '필로티'라고 하는 건축 방식으로 1층 아래에 여백을 두었다. 그렇게 더 실용적이고, 더 가벼워 보이며, 주변 환경과 더 조화로운 건축물을 만들었다. 로이

Rima Sabina Aouf (서명)

"몇몇 건축물은 밖에서 봤을 때 그 어떤 다른 곳에는 있을 수 없는, 딱 그곳만을 위해 디자인되었다는 느낌을 준다. 안에서 보면 창문이 파노라마처럼 펼쳐지는 경우가 종종 있는데, 이런 창문은 마치 자연과 뒤엉켜 있는 느낌을 준다."

로이드 라이트는 폴링워터를 지은 미국의 건축가다. 건축물이 주변의 자연환경과 조화롭게 어우러진다는 점에서 유기적 건축의 선구자다. 그는 말한다. "어떤 집도 언덕 위나 산꼭대기 같은 곳에 지어서는 안 된다. 집은 언덕이나 산 중턱에 안착해야 한다. 거기에 속해야 한다. 언덕과 집은 서로를 더 행복하게 해 주는 방식으로 공존해야 한다."

드 라이트, 제프리 바와 같은 건축가들의 몇몇 건축물은 밖에서 봤을 때 그 어떤 다른 곳에는 있을 수 없는, 딱 그곳만을 위해 디자인되었다는 느낌을 준다. 안에서 보면 창문이 파노라마처럼 펼쳐지는 경우가 종종 있는데, 이런 창문은 마치 자연과 뒤엉켜 있는 느낌을 준다.

요즘엔 바이오필릭biophilic 디자인이라는, 인간과 자연이 자주 만나는 것을 목표로 하는 건축 방식도 유행이다. 패트릭 블랑이나 스테파노 보에리의 중력을 거스르는 수직 정원, 사무실에 식물을 장착한 아마존 시애틀 사무실, 암 환자의 치유를 돕기 위해 차분하게 디자인한 영국의 매기스 센터 등이 그 예다. 하지만 레이철 암스트롱은 이런 바이오필릭 건축도 친환경적인 열망만 있을 뿐, 다른 일반 건축과 도구와 기법 등이 크게 다르지 않다고 지적한다.

그는 '살아 있는 건축' 프로젝트를 통해 비전을 제시한다. 일부 벽들은 생물반응장치로 대체된다. 자연스러운 생물학적 과정을 통해 집에 필요한 에너지를 생성하는 조류나 박테리아 탱크로 된 벽을 만든다. 이 장치는 버리는 물을 정수하고, 공기를 정화하고, 생물이 발광해 내는 빛을 이용한다. 건축 재료로 단단한 석재나 금속보다는 삼투성이 있는 재료를 활용한다. 현재는 버섯과 미생물을 재배하고 남은 재료로 폐기물 제로zero-emissions의 다공성 벽돌을 만들고 있다. 굉장히 과학적이고 철학적인 접근이다. 암스트롱은 이런 건축물은 건물이 아니라 '몸' 혹은 '존재'이며 그 입구는 문이 아니라고 말한다.

아직까지 이 프로젝트는 실험 단계에 있다. 바이오필릭 디자인의 감각적 경험과 결합된다면 인류를 위한 미래의 건축을 선도할 것이다. 앞으로의 건축은 자연과 깊은 유대가 있는 공간이 기준이 될 것이다. 그것은 인류의 생존 방식뿐 아니라 번영 방식도 될 수 있다. —

글: 리마 사브리나 아우프

NATURE

HOSHINOYA

KYOTO

호시노야 교토

Azuma Architects

호텔, 교토, 일본
2009

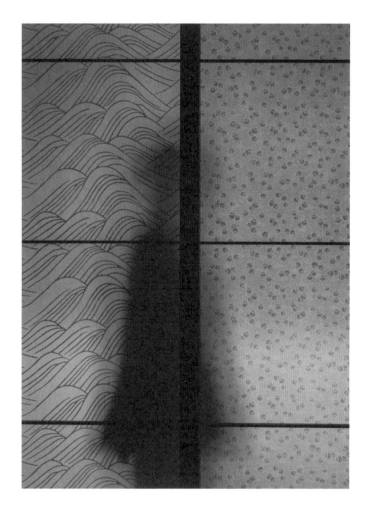

호시노야 교토 — 교토의 외곽, 느린 돛단배 한 척이 호텔 손님들을 강 하류의 옛 시간으로 데려다주기 위해 기다리고 있다. 시간의 흐름을 확인할 시계도 없고, 현대 도시의 어떤 징표도 찾아볼 수 없는, 손대지 않은 자연이 있는 고대의 그곳으로.

호텔을 에워싼 자연은 대단히 잘 보존되어 있다. 교토의 아라시야마 지역은 자연경관이 가장 엄격하게 보호되는 구역이다.

일본식 정원의 미학은 불완전하고 비대칭적이며 가변적인 디자인에 있다. 정해진 구획과 울타리, 기하학적 형태를 갖춘 꽃밭 등의 특징을 지닌 유럽의 전통 정원과 다르다. 작은 마당부터 커다란 공원에 이르기까지 불규칙성이 군림한다. 짝수보다 홀수를 선호하며, 바람이나 비로 인한 변화를 받아들이고, 옻칠을 한 다리나 석등처럼 인공물은 시간의 불가역적인 흐름을 상기할 수 있도록 재료가 그대로 노출된다.

이런 맥락에서 보면 호시노야 교토의 목표는 전통적이지 않다. 이곳은 교토 외곽의 넓은 아라시야마 공원을 배경으로 하는데, 삼나무로 만든 일본의 전통 배를 타고 녹색의 구불구

불한 강을 따라 15분 정도를 가야 나온다. 이런 방식은 일본 여행을 자주 다니는 사람에게도, 심지어 일본인에게도 익숙지 않다. 손님들은 이곳에서 전통을 느낀다기보다는 전통이라는 개념의 갈피조차 잡지 못한다. 호텔과 료칸을 겸한 이 리조트의 책임자 호시노 요시하루는 "손님들에게 일상에서 벗어난 경험을 선사하는 게 목표다"라고 말한다.

목조 건물인 호시노야 교토는 지어진 지 거의 100년이 되었다. 2009년에 개조 공사를 맡은 인테리어 디자이너 리에 아즈마는 파사드를 최대한 보존했다. 제2차 세계대전 이전 건물들이 매우 희귀하다는 점에서 이는 매우 중요한 일이다.

거부였던 수미노쿠라 료이가 17세기에 오이 강 유역에 저택을 지었다.

"강물 위에 비치는 햇빛으로 시간을 가늠할 수 있다. 풀벌레와 새, 개구
리 울음소리가 숲에서 울리는 이곳에서 시간 확인은 시간에 대한 인식
을 더 복잡하게 만들 뿐이다."

위에서 보면 나지막한 건물들이 오이강을 따라 펼쳐져 있는데 삼면이 무성한 숲으로 둘러싸여 거의 보이지 않는다. 호텔 개조 공사를 마치고 호시노야는 다음과 같이 말했다. "이렇게 전통적인 아름다움을 간직한 건축물과 자연경관을 물려받다니 정말 운이 좋았다. 우리는 여기에 클래식하고도 모던한 예술성을 더했다. 문에 한지를 발라 햇빛이 부드럽게 퍼지도록 한 것이 그 예다."

인구 밀도가 매우 높은 일본의 특성을 고려하면 이 호텔은 드물게 고립성을 따른다. 위치적 고립뿐 아니라 더 나아가 공공장소나 객실에서 TV와 시계도 금지되어 있다. 손님들이 바깥세상의 정보에 방해받지 않고 편히 쉬고 자연경관을 감상할 수 있도록 하기 위해서라고 한다. 강물 위에 비치는 햇빛으로 시간을 가늠할 수 있다. 풀벌레와 새, 개구리 울음소리가 숲에서 울리는 이곳에서 시간 확인은 시간에 대한 인식을 더 복잡하게 만들 뿐이다. ──

LOUISIANA
MUSEUM

루이지애나 미술관

Bo & Wohlert

미술관, 훔레벡, 덴마크
1958

루이지애나 미술관 — 스칸디나비아 해변에 있는 저택에서 가족들과 여름을 보내곤 했던 설립자의 추억에서 영감을 받아 지은 이 모던한 미술관은 자연의 아름다움과 발트해의 경관이 조화를 이룬다.

"루이지애나 미술관은 건축가들이 건축물의 윤곽을 결정하기 위해 그들만의 언어만을 적용한 것이 아니라 환경과 위치적 특성을 허용한 매우드문 곳이다."

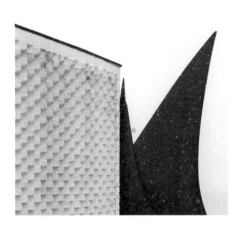

이 미술관에는 리처드 세라, 헨리 무어, 알렉산더 칼더의 작품을 포함해 미술관이 영구 소장한 60여 점의 조각상들이 있다.

덴마크의 바닷가 마을 훔레벡의 완만한 절벽 위에 루이지애나 미술관이 스웨덴과 덴마크를 가르는 은빛 바다를 굽어보고 있다. 덴마크 모더니즘의 걸작으로 꼽히며 1958년 개관한 이 미술관에는 시간을 잊은 디자인과 접근 가능한 예술을 만들겠다는 민주적 사명이 담겨 있다. 눈에 띄는 흔적을 남겨서가 아니라 이 지역과 추상적으로 유대감을 형성하면서 많은 사랑을 받고 있다.

루이지애나 미술관은 원래 19세기 개인 저택이었다. 주인인 귀족이 세 번 결혼했는데 부인의 이름들이 모두 루이제Louise였고, 미술관 이름은 여기에서 따왔다. 건축가 요르겐 보와 빌헬름 보흘리트는 미술관을 넓혀 나가면서

도 정원의 아름다움을 망가트리지 않고 관람객들이 공원을 산책하는 기분을 느끼도록 디자인했다.

일단 바닥부터 천장까지 이어진 유리창이 실내와 실외 사이에 투과성을 높인다. 관람객들은 세계적인 작품들 못지않게 자연경관의 아름다움도 감상한다. 창 너머 펼쳐진 푸른 초목과 오래된 너도밤나무, 바다와 하늘 모두 작품이 된다. 예술과 자연과의 조화는 레이크 갤러리에서 가장 두드러지는데, 거기에는 알베르토 자코메티의 조각품들이 유리창 앞에 그림자처럼 드문드문 놓여 있다. 유리창 밖으로는 가지를 늘어뜨린 버드나무들이 호수를 감싼 풍경이 펼쳐진다.

자코메티 갤러리에서는 바닥부터 천장까지 이어진 유리창 너머로 미술관의 호수 정원이 내다보인다.

"현대의 휘황찬란한 미술관 건축은 그 안에 담긴 작품들을 가리거나 그 맥락을 급격하게 변화시키는 경우가 많은데 루이지애나 미술관은 그 대안을 제시한다. 이 공간은 매우 인간적이며 또한 실재적이다."

《루이지애나 미술관: 건축과 풍경Louisiana Museum of Modern Art: Architecture and Landscape》의 저자이자 건축가 마이클 쉐리던은 다음과 같이 평한다. "루이지애나 미술관은 건축가들이 건축물의 윤곽을 결정하기 위해 그들의 언어만을 적용한 것이 아니라 환경과 위치적 특성을 허용한 매우 드문 곳이다. 이런 겸손한 접근 방식 때문에 관람객들은 자연과 건축 환경의 균형을 조우하게 된다. 현대의 휘황찬란한 미술관 건축은 그 안에 담긴 작품들을 가리거나 그 맥락을 급격하게 변화시키는 경우가 많은데 루이지애나 미술관은 그 대안을 제시한다. 이 공간은 매우 인간적이며 또한 실재적이다. 물리적으로나 손에 만져지는 명백함으로나 진정성으로나. 디지털이 지배하는 이런 시대일수록 이런 건축물은 더욱 귀중하다."

프랑스의 건축가 장 누벨은 루이지애나의 익명적 형태와 일관된 색채, 실내와 실외의 투과성에 깊이 영감을 받아 '루이지애나다운'이라는 형용사를 만들기도 했다. 그 말은 '건축물이 자연에 속하고 자연이 건축물에 속한다'는 의미다. ——

JONAS BJERRE-

요나스 비예어 폴센

POULSEN

찰스 인공적인 실내와 자연스러운 실외 사이의 경계선을 다루는 비법이 궁금합니다.

요나스 상황에 따라 많이 다릅니다. 국가, 기후, 욕망, 자연과 조화가 필요한 이유, 자연으로부터 보호가 필요한 이유 등에 따라 다르지요. 벽, 천장, 마루는 거주자에게 편안함과 보호막을 제공하고, 창문은 자연의 빛을 들이고 외부 경관을 보여 주지요. 우리는 실내에 자연과의 유대감을 표현하는 상징물을 만들고, 건물 외부에는 촉각적인 것들로 자연과 인간의 재결합을 끊임없이 추구하고 있습니다.

찰스 시각적인 것이 강조되는 요즘 흐름에 어긋나는 것 아닌가요?

요나스 현대 사회는 아침에 눈뜨자마자 디지털 기기에 손을 뻗고, 잠들기 직전까지 인스타그램을 스크롤하는 이미지 시대죠. 건축도 눈을 위한 디자인에만 치중하는 경향이 있어요. 안타깝게도 어떤 것이 우리 몸에 어떻게 작용하는지, 어떤 감촉이고 어떤 소리가 나는지, 그것이 인간의 몸과 어떤 연관이 있는지는 전혀 중요하지 않게 되었지요. 이런 점이 인간의 오감과 자연을 당장 단절시키지는 않지만, 미래엔 그 사이의 불화를 해결하기 어려울지도 모릅니다. 보다 진정성 있게 인간의 모든 감각들과 연결된 기본으로 돌아가고자 하는 사람은 매우 드뭅니다.

찰스 생생한 느낌의 건축과 디자인을 선호하나요?

요나스 모든 것은 시간의 흐름을 따라 흘러가다가 마침내 소멸하죠. 자연스럽게 소멸하는 물질들은 시간에 따라 그 아름다움을 더해 가는데, 시간의 흔적이 특별함을 더합니다. 회반죽을 바른 벽이나 플라스틱처럼 인간이 만든 것들은 아름답게 바래지 않아요. 날렵하고 인위적인 건축물과 실내장식은 멋진 모습을 유지하려면 많은 관리가 필요하지요. 같은 과정이지만 다르게 인식되는 건, 아마도 우리가 자연의 부패 과정에 더 익숙하기 때문이겠죠.

찰스 불완전함은 소멸의 속성이죠. 이 부분을 어떻게 강조하고 있나요?

요나스 불완전함도 어느 정도는 좋을 수 있지요. 우리는 질서와 대칭에 가치를 두지만, 때로는 지나치게 큰 눈, 자잘한 흉터들, 요상한 코를 가졌는데 무척 아름다운 사람도 있어요. 질서와 완벽함, 혼돈과 불완전함 사이에 어떤 공식 없이 균형이 이루어져야 합니다. 그럴 때 매력이 생기는 것이지요.

찰스 소프트 미니멀리즘 철학을 추구하는 것과 관련이 있나요?

요나스 소프트 미니멀리즘은 단순한 삶의 개념이며, 자연의 역할이 크죠. 우리가 그 개념을 제안한 건 2008년 금융 위기 바로 직전이에요. 포스트모더니즘의 영향을 받은 디자이너들이 플라스틱, 합성수지 같은 인공 재료들을 실험하고 사용하던 때죠. 우린 자연스러운 것, 좋은 삶과 인간다운 삶을 위한 디자인을 제안했어요. 보다 단순하고 유용하던 시절로 되돌아가고 싶었죠. 예전 이탈리아의 수도원 같은 곳으로요. 침대 하나, 작은 식탁 하나, 의자 하나만 있고 모든 것들이 그 지역에서 난 나무와 돌로 만들어진, 집과 잘 어우러진 정원이 있던 그런 공간 말이에요.

찰스 그런 건축과 디자인이 자연 풍경에 어떤 기여를 할까요?

요나스 저는 주로 그 지역에서 구할 수 있는 재료들로 건축을 하려 합니다. 그런 건축물은 인공물이라 해도 자연의 일부가 땅 위로 솟아오른 듯한 느낌을 주죠. 남부 유럽의 작은 산골 마을들을 생각해 보세요. 오래전 그곳 사람들은 산에서 돌을 채취해 마을에 벽을 쌓기 시작했겠죠. 그러다가 교회도 짓고, 집도 짓고…… 모두 똑같은 돌로 지었을 거예요. 그걸 지은 사람들은 무질서하게 지었을지 몰라도 오늘날 사람들은 아름다움을 느끼죠. 자연과의 완전한 일체에서 비롯된 아름다움이에요. 요즘엔 잘 계획된 모눈종이 같은 도시에 높은 건물을 세우고 차들이 다니기 좋은 도로를 지어 완전히 외국 같은 느낌을 주는 공간을 만들지만, 살기 좋은 곳은 아니랍니다. ──

Charles Shapaieh

"모든 것은 시간의 흐름을 따라 흘러가다가 마침내 소멸하죠. 자연스럽게 소멸하는 물질들은 시간에 따라 그 아름다움을 더해 가는데, 시간의 흔적이 특별함을 더합니다. 회반죽을 바른 벽이나 플라스틱처럼 인간이 만든 것들은 아름답게 바래지 않아요."

레이돈 그로브 팜은 놈 아키텍츠에서 디자인한 영국의 주택이다. 초원과 경작지, 폐쇄적인 비밀 정원이 교차하는 위치에 있다. "파사드 디자인은 오직 투명성에 집중해 자연은 실내의 필수 요소가 되고 농장 풍경은 꼭 필요한 특별 요소가 되게 했다." 놈 아키텍츠의 설명이다.

NATURE

K HOUSE

K 하우스

AIM & Norm Architects

레지던스, 갈, 스리랑카
2018

K 하우스 — 차분한 실내 색조와 호젓한 해변, 리듬감 있게 줄렁거리며 K 하우스를 에워싸고 있는 야자나무들은 이곳에 머무는 손님들의 바쁜 삶의 박자를 늦춰 준다.

"처음 이곳에 왔을 때 우린 이 지역을 둘러싼 자연 그대로의 모습에 완전
히 매료되었다. 도시 거주자들에게는 사람의 손길이 전혀 닿지 않은 이
순수한 자연의 모습이 무섭게 보일 수도 있을 것이다."

에임 아키텍처와 놈 아키텍츠가 함께 지은 K
하우스는 스리랑카 남부의 갈에서 차로 한 시
간 정도 떨어진 호젓한 해변에 자리 잡고 있다.
이 협업 프로젝트에서 자연은 단순히 배경으
로만 존재하지 않는다. "처음 이곳에 왔을 때
우린 이 지역을 둘러싼 자연 그대로의 모습에
완전히 매료되었다. 도시 거주자들에게는 사
람의 손길이 전혀 닿지 않은 이 순수한 자연의
모습이 무섭게 보일 수도 있을 것이다. 우리는
예측할 수 없는 자연에 인간이 얼마나 무방비
상태인지 실감할 수 있었다. 동시에 건축가로

서 본능적으로 자연에서 벌거벗고 있는 이 강
렬한 느낌을 유지하고 싶었다. 그러려면 주변
과 색을 맞추고 지역에서 나는 재료들로 작업
해서 실내와 실외 사이에 소통이 유지되도록
해야 했다." 놈 아키텍츠의 말이다.
　　K 하우스는 두 개의 건물로 되어 있다. 하
나는 개방적 구조로, 물속까지 이어진 완만한
산비탈 위에서 바다를 바라본다. 또 다른 건
물은 초록 숲이 우거진 곳 깊숙이 자리를 잡
아 손님들의 사생활을 보호하고 안식처 같은
느낌을 준다.

미니멀한 인테리어는 열대기후에서 벗어난 차분하고 시원한 공간을 제공한다.

"재료나 컬러, 촉각적인 특징 모두 주위 자연을 모티브로 삼았다. 친구나 가족과 모임을 갖기 좋은 밝고 개방적인 공간도 있고, 원하면 언제든 들어가 사적인 생활을 할 수 있는 개인 공간도 있다."

제프리 바와는 스리랑카의 영향력 있는 건축가로 열대의 모더니스트 스타일과 자국의 건축 정체성을 개척했다는 평을 받는다. 에임 아키텍처와 놈 아키텍츠, 둘 다 제프리 바와에게 영감을 받아 이 공간을 만들었다.

K 하우스는 주변 경관의 컬러와 분위기를 반영하는 흙색, 질감을 살린 표면, 자연 재료 사용 등으로 바닷가와 잘 어우러진다. 불필요한 장식은 최소화하고 지역 골동품들을 두었다. 공간의 촉각적 요소를 강조하는 컬러의 따스함과 풍요로움이 뒷받침되어 친숙한 분위기를 연출한다. 한편 지역에서 난 티크나무와 화강암, 연마한 테라초, 시멘트, 재활용한 테라코타 타일은 자칫 밋밋했을 실내에 관능미를 더한다.

일부 공간은 완전히 개방되어 일부러 꾸미지 않아도 장엄한 풍광을 그대로 감상할 수 있다. 탁 트인 바다 전망의 라운지 공간에 서 있으면 정말 열대 자연의 한복판에 있는 기분이 든다. 놈 아키텍츠는 "재료나 컬러, 촉각적인 특징 모두 주위 자연을 모티브로 삼았다. 친구나 가족과 모임을 갖기 좋은 밝고 개방적인 공간들도 있고, 원하면 언제든 들어가 사적인 생활을 할 수 있는 개인 공간도 있다"라고 설명한다. ——

MATERIALITY

물 질 성

DE COTIIS
RESIDENCE

데 코티스 레지던스

Vincenzo De Cotiis

레지던스, 밀라노, 이탈리아
2015

데 코티스 레지던스 — 건축이란 건물을 짓는 것만을 뜻하지 않는다. 때론 무언가를 없애는 것도 건축이 될 수 있다. 이탈리아 밀라노에 있는 데 코티스 레지던스도 그런 프로젝트다. 이 공간은 18세기 공간이 지닌 있는 그대로의 아름다움에 대한 오마주이며 시간의 흐름에 따라 낡아 가는 것에 매료된 건축가의 정서가 잘 반영되어 있다.

데 코티스는 자신의 접근 방식을 '반反디자인적'이라고 표현한다. 그의 작업물은 꽤 실용적이고 기능적이지만 그는 자신의 작품이 실용성이나 기능성을 초월해 예술로서 새로운 생명력을 갖길 바란다.

지역 건축가이자 디자이너인 빈첸초 데 코티스는 밀라노에 버려진 18세기 궁전을 지키기 위해 3,000제곱미터에 달하는 공간에 구조적 변화를 전혀 주지 않기로 했다. 옛 모습이 그대로 드러날 때까지 이전에 살던 거주자들이 남긴 흔적과 장식을 모두 없앴다. "몇 년에 걸쳐 페인트칠이며 벽지를 벗겨 냈다. 가천장과 바닥의 모켓을 들춰내자 근사하게 낡은 것들이 불완전한 상태로 보존된 채 맨살을 드러냈다.

정말 아름다웠다." 데 코티스의 말이다.

그는 시간의 흔적이 묻은 물건들에 깊은 애정을 드러낸다. 무너진 벽이나 마감 처리를 하지 않고 아무것도 바르지 않은 각 방의 원래 모습을 그대로 남겼다. 서재의 분홍색 프레스코 벽화, 회색과 녹색이 두드러진 거실 천장, 욕실에 있는 진녹색과 분홍색의 브라질 대리석 등을 그대로 살렸다. 데 코티스는 밝고 여유 있는 공간에 자신의 조각품들을 갖다 놓았다.

이 레지던스는 데 코티스가 자신의 디자인 스튜디오에서 만든 조각들을 진열해 놓은 개인 전시장이다.

"몇 년에 걸쳐 페인트칠이며 벽지를 벗겨 냈다. 가천장과 바닥의 모켓을 들춰내자 근사하게 낡은 것들이 불완전한 상태로 보존된 채 맨살을 드러냈다. 정말 아름다웠다."

곳곳에 있는 그의 조각들은 '완전한 불완전함'을 끊임없이 추구하고 드러낸다. 은으로 도금한 황동과 재활용한 섬유 유리로 만든 긴 식탁, 손수 염색한 옅은 분홍색의 모헤어 벨벳 소파 겸용 침대, 대리석과 주형 황동으로 만든 독특한 모양의 커피 테이블은 재료를 해석하는 그의 독특한 안목을 보여 준다. 구석구석에서 질감을 드러내는 표면과 기존 틀에서 벗어난 형태를 선호하는 그의 취향이 엿보인다. 그는 이런 자기 스타일을 '절충주의'라고 한다. 골동품과 미래적인 요소를 조합하고, 운치 있는 색과 불완전한 마감을 더하는 것이다.

광택도 내지 않고 원래의 모습을 간직한 이 레지던스의 천장과 나무로 된 커다란 유리창 덧문은 낮은 침대, 부드러운 흰색 가죽 의자와 잘 어울린다. 이 의자 역시 데 코티스의 작품이다. 그는 "나는 이미 존재하는 것을 강조하고, 그것을 더욱 풍성하게 하는 걸 즐긴다"라고 말한다. ——

이 레지던스는 바로크 시대의 계단참을 지닌 채 18세기 밀라노의 타운하우스에 머물고 있다.

MATERIALITY

GJØVIK
HOUSE

예비크 하우스

Norm Architects

레지던스, 예비크, 노르웨이

2018

예비크 하우스 — 아무 곳에도 없지만 어느 변두리에는 있다. 노르웨이의 외곽, 소나무 숲과 북방 아한대 지역에 푹 파묻힌 예비크 하우스는 놈 아키텍츠의 작품이다. 주변 환경과 함께 점차 낡아 가며 자연의 아름다움과 조화를 이루도록 지었다.

레지던스, 예비크, 노르웨이

주방은 이 집의 중심이며 양쪽 벽이 바닥부터 천장까지 이어진 유리로 되어 있다.

"현대의 클러스터 주택은 높이와 재료에 변화를 주어 구분하는 방식을
적용한다. 그래서 굳이 같은 공간에 있지 않아도 함께 있다는 느낌을 받
을 수 있다."

예비크 하우스는 최근 유행하는 오픈 플랜, 즉
건물 내부가 벽으로 나뉘지 않는 구조를 대체
할 창문을 제안한다. 노르웨이 예비크 마을의
미에사 호수 근처에 있는 이 집은 사생활과 평
온함을 중요한 가치로 여겼던 시대에 지어졌
다. 놈 아키텍츠는 이 집을 독립적이면서도 주
택의 일부가 서로 통하는 연결성 있는 구조로
디자인했다. 이를 '클러스터 주택(파시오 주택)'
이라고 하는데, 상자처럼 생긴 여섯 개의 각
기 다른 크기의 구조물들이 겹쳐져 평면도로
보면 놀라울 정도로 많은 구석과 틈이 있다.

이러한 공간적 특성 덕분에 이곳에 사는 사람
들은 각자의 은신처에서 조용한 시간을 즐길
수 있다. 구석 공간에서는 태블릿 PC로 동영
상을 보거나 저마다의 프로젝트에 골몰하면서
도 공동체 의식과 유대감을 느낄 수 있도록 설
계되었다.

"현대의 클러스터 주택은 높이와 재료에 변
화를 주어 구분하는 방식을 적용한다. 그래서
굳이 같은 공간에 있지 않아도 함께 있다는 느
낌을 받을 수 있다." 이 프로젝트의 수석 건축
가 린다 콘달의 말이다.

바닥은 광택을 낸 공간도 있고 무광으로 마감한 곳도 있다. 이는 각 공간을 구분하는 데 도움이 된다.

"각 방에서 눈을 옆으로 돌리면 자작나무들 사이로 언뜻언뜻 호수가 펼
쳐지는 바깥 풍경이 보인다. 가족에게, 자연에게, 집에게 느껴지는 이 유
대감은 놈 아키텍츠가 가장 중요하게 여기는 부분이다."

각각 다른 공간에 회색 콘크리트, 흰색 돌, 따뜻한 느낌의 나무, 이렇게 세 가지 주요 재료들을 배치했다. 주방에서 세 곳이 만나는데, 단단한 목재의 맞춤식 가구들은 테라초 콘크리트와 흰 벽이 틀을 이루고 있다. 거실의 광택 나는 콘크리트는 안개 자욱한 호수가 연상되고, 서재에 사용된 부드러운 목재는 바닥과 하나가 된 느낌으로 차분하고 학구적인 분위기를 연출한다.

각 방에서 눈을 옆으로 돌리면 자작나무들 사이로 언뜻언뜻 호수가 펼쳐지는 바깥 풍경이 보인다. 가족에게, 자연에게, 집에게 느껴지는 이 유대감은 놈 아키텍츠가 가장 중요하게 여기는 부분이다. 놈 아키텍츠는 보기 좋은 공간뿐 아니라 느낌이 좋은 공간을 만든다는 사실에 자부심을 느끼며, 인간의 감각을 끌어올려 행복이 깃드는 공간을 만들고자 한다. 이곳은 시간이 흐를수록 점점 더 편안한 모습이 되고, 숲과 호수, 눈과 어우러져 더욱 고요해질 것이다. ──

ON

물질성에 관하여

MATERIALITY

Charles
Shafaieh

이미지 포화 상태인 21세기에는 시각이 다른 감각들을 희생시키며 거의 독점적 특권을 누리고 있다. 디지털 화면에서 건물들은 시간 속에 얼어붙은 듯 보인다. 극도로 위생적이고 날렵한 디자인은 보기만 하되 만지지는 말라는 듯 인간이나 그 주변 환경과의 물리적 접촉을 제한한다.

하지만 물질성을 강조하는 건축은 만지고, 냄새 맡고, 맛보고, 듣는 감각의 가치를 부활시킨다. 건축가 유하니 팔라스마는 《건축과 감각》에서 인간 감각의 형이상학적 풍부함을 강조했고, 현상학자 모리스 메를로퐁티는 자연스러운 지각은 시각에만 국한되지 않으며 '온몸을 통해 한꺼번에' 이루어진다고 말한다.

건축에서 물질성에 관한 이데올로기는 1,000년 동안 진화해 왔다. 기원전 1세기 로마의 건축가 비트루비우스는 물질마다 독창적이고 내재적인 특징들이 있어서 기능과 형태에 영향을 준다고 생각했다. 르네상스 시대의 건축가 레오네 바티스타 알베르티는 비트루비우스의 원칙을 상당 부분 따랐지만 지적인 디자인이 자연에 대한 집착을 대체할 수 있다고 보고, 장식물과 새로운 미적 형태를 보여 주는 재료들을 사용하였다. 미의식에 관한 이런 논쟁은 바로크 시대와 계몽주의 시대까지 지속되었는데, 산업혁명 시대 이후에는 진부한 개념으로 취급받았다. 유리, 철, 콘크리트 등이 확산되면서 건축 시간이 무척 단축되었고, 건축은 경제 논리에 굴복하게 되었다.

이윤을 우상화하면서 사람들은 인간의 감각과 감정에 대한 현상학적 이해를 상실했다. 그로 인해 물리적 공간에 대한 현상학적 이해도 상실했다. 건축가 루이스 칸은 말한다. "건물 설계도는 공간에 있는 빛의 조화로 해석되어야 한다. 설령 의도적으로 어둡게 만들어진 공간이라도 어디선가 신비하게 흘러나오는 충분한 빛이 있어야 그곳이

"재료에 광택을 입히면 그 원재료의 유기적 본질을 느낄 수 없다. 우리를 둘러싼 물질들에 대해 보다 깊이 생각하던 때로 회귀하는 것이 시급하고 중요한 문제다."

알바 알토는 핀란드의 알록달록한 파이미오 요양소를 디자인한 건축가로, 자연 재료를 매우 중요시하며 다음과 같이 말한다. "현대 건축이라고 해서 미숙한 새로운 재료들을 사용해야 하는 것은 아니다. 재료들을 보다 인간적인 방향으로 정제하는 것이 중요하다."

얼마나 어두운 공간인지를 알게 된다." 칸은 대다수 건축가들이 꺼리는 시멘트를 선호한다. 그는 물질과 빛 사이의 상호작용을 창조해 시멘트가 지닌 미묘한 속성을 드러낸다. 그래서 사람들은 그가 만든 건축물의 시멘트 표면을 직접 만져보곤 한다.

"음악과 비슷하다. 재료가 지닌 풍부한 질감, 냄새, 느낌은 뭐라고 콕 집어서 정확히 말할 수는 없어도 뭔가를 우리에게 전달한다." 촉각에 집중하는 건축가 스티븐 홀의 말이다. 일본의 전통 미학 정서인 와비사비는 자연스럽게 낡은 것에서 드러나는 고색창연함 같은, 불규칙한 아름다움을 강조한다. 홀은 지난 50년간 건축계가 비닐이나 자연을 흉내 낸 마감재 등 합성 물질을 급격히 사용하면서 이런 감수성을 상실한 것을 안타까워하며 말한다. "재료에 광택을 입히면 그 원재료의 유기적 본질을 느낄 수 없다. 우리를 둘러싼 물질들에 대해 보다 깊이 생각하던 때로 회귀하는 것이 시급하고 중요한 문제다." 환경주의는 사람과 자연의 건강을 개선하는 건축적 대안으로서 촉각적 건축으로의 회귀를 고려할 수 있다.

알바 알토의 파이미오 요양소는 시시각각 변하는 햇빛이 최대한 가득 들어오게 설계된 침실에서부터 마음이 편안해지는 색을 칠한 벽에 이르기까지, 사소한 것 하나하나가 전부 환자의 고통을 완화해 주는 목적으로 디자인되었다. 이 정신을 이어받은 기술자들은 더욱 보존주의에 가까운 기술을 발명했다. 자연광이나 인공광으로 충전할 수 있는 빛 복사 콘크리트, 밟아서 전기를 발생시키는 바닥재에 넣는 셀룰로오스 나노섬유 등이 그 예다. 이런 발명들은 인간과 건축 사이에 새로운 관계를 맺게 해 준다. 건축물에 새로운 영혼을 불어넣는 일은 가능하다. 많은 건축가들이 추구했던 촉각 기반의 정신을 존중하고 다시 탄생시키는 일은 불가능하지 않다. —

글: 찰스 셰파이에

MATERIALITY

FLAT #5

플랫 #5

레지던스, 상파울루, 브라질
2018

플랫 #5 — 상파울루는 브라질 모더니즘의 장이다. 인테리어 디자이너들은 도시의 유산을 가지고 마음껏 재주를 펼친다. 플랫 #5는 퍼즐처럼 복잡한 도시를 간단한 방정식으로 풀어내고 있다. 극적인 분위기는 똑같지만 한층 부드러운 느낌은 브라질 스타일에 대한 오마주다.

레지던스, 상파울루, 브라질

"우리가 어둠에 대해 잘 모르는 게 있다. 때론 어둠도 인간의 의식이 열망
하는 환경이다. 둥지는 어둡다. 동굴도, 자궁도 어둡다."

어둠은 오명을 쓰곤 한다. 인테리어에서는 어둠이 공간을 작고, 좁아 보이고, 답답하게 만든다고 말한다. 우리가 어둠에 대해 잘 모르는 게 있다. 때론 어둠도 인간의 의식이 열망하는 환경이다. 둥지는 어둡다. 동굴도, 자궁도 어둡다. 인테리어의 선구자 로타 아가톤은 암울한 시대엔 어두운 인테리어가 확산될 것이라며, 밝은 흰색 벽은 드러나는 공간이고 공적인 영역과 연결되어 있는 반면 어두운 인테리어는 편안하고 사적이며 따스한 포용력을 준다고 말한다.

MK27이 만든 플랫 #5는 어둠의 힘을 잘 보여 준다. 바닥부터 천장까지 온통 음울한 톤으로 되어 있다. 이 어둠은 따스함과 공간감을 주는 자연 재료를 사용하지 않으면 자칫 침울하게 느껴지기 쉽다. 벽과 천장은 다양한 톤의 호두나무로 조밀하게 마무리했다. 바닥의 회색 현무암 타일은 반사가 잘되는 입자들과 함께 작은 구멍과 작은 균열, 얼룩 등이 그대로 있다.

한스 베그너의 CH-27 라운지체어 등 중세의 클래식한 분위기를 자아내는 가구들을 배치했다.

"촉감이 살아 있는 나무와 돌은 재료로서 특별한 깊이감을 준다. 자연은 절대 단순한 갈색 혹은 회색을 띠지 않는다. 자연의 질감을 담은 표면은 빛과 그림자를 만들어 눈이 휘둥그레질 정도로 부드럽고 유기적인 풍경을 자아낸다."

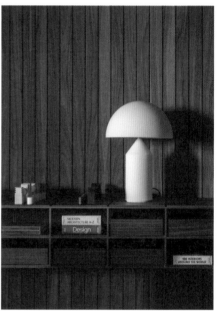

마르시오 코간은 스튜디오 MK27의 설립자이자 저명한 건축가다. 상파울루에서 가장 높은 건물, 미란테 도 베일을 설계한 엔지니어 아론 코간의 아들이다.

촉감이 살아 있는 나무와 돌은 재료로서 특별한 깊이감을 준다. 자연은 절대 단순한 갈색 혹은 회색을 띠지 않는다. 자연의 질감을 담은 표면은 빛과 그림자를 만들어 눈이 휘둥그레질 정도로 부드럽고 유기적 풍경을 자아낸다. 나무에서 반사된 빛은 노란색으로 현무암 위에 드리우기도 하고, 코발트색으로 바위의 건조한 틈새에 닿기도 한다.

흰빛이 흑백 사진처럼 공간을 꿰뚫는다. 책상에, 비코 마지스트레티의 기하학적인 테이블 램프 위에, 조각가 세르지오 드 카마고의 대리석 체스 판 위에 바랜 흰빛이 드리운다. 리넨 커튼, 긴 파사드, 커다란 두 개의 양털 카펫, 이사무 노구치가 종이로 만든 플로어 램프 위에도 소박한 흰빛이 내려앉는다. MK27은 이러한 모습을 '빛 포인트'라고 말한다. 빛의 반대편, 잉크처럼 짙은 검은색 공간에는 한스 웨그너, 장 프루베, 지오 폰티 같은 모더니스트 디자이너들의 가구가 놓여 있다. "재료의 마감과 컬러 팔레트의 조화 덕분에 실내는 공간들 사이에 연속성을 준다." 다이애나 하도미즐레르의 말이다. ──

MATERIALITY

MUSÉE YVES SAINT LAURENT

이브 생 로랑 박물관

Studio KO

박물관, 마라케시, 모로코
2017

이브 생 로랑 박물관 — 테라코타로 된 이 낮은 박물관은 패션을 기리기 위해 지어졌으며 패션과 관련된 것들을 전시한다. 건물 디자인은 섬유의 섬세한 구조를, 건물의 색은 디자이너 이브 생 로랑이 도시 마라케시와 사랑에 빠진 뒤 사용했던 밝은 색채들을 반영한다. 만약 벽이 말을 할 수 있다면, 캣워크와 쿠튀르를 이야기할 것이다.

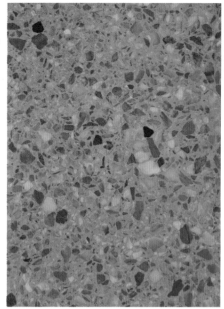

프랑스 디자이너 생 로랑은 모로코를 사랑한 것으로 유명하다. 그는 "마라케시가 나에게 색을 가르쳐 주었다"라고 말하는데, 그가 코발트블루의 특별한 음영을 발견한 곳도 이곳이다. 그는 마라케시에 있는 자르댕 마조렐 정원의 코발트블루색을 자신의 유명 디자인에 사용했다.

프랑스 디자이너 이브 생 로랑이 모로코를 유독 사랑했다는 사실은 널리 알려져 있다. 생 로랑은 휴식과 영감을 위해 마라케시를 즐겨 찾았다. 그의 연인이자 사업 파트너였던 피에르 베르제는 그를 기리기 위해 그의 유골이 있는 자르댕 마조렐 옆에 이 박물관을 지었다. 아프리카 대륙에 세워진 첫 패션 박물관으로 강당과 카페, 6,000여 권의 책을 소장한 도서관이 갖추어져 있다. 특유의 건축 양식과 현대 미니멀리즘 스타일의 조합이 단연 눈길을 사로잡는다.

이 건축물은 스튜디오 KO의 프랑스 건축가 올리비에 마르티와 칼 푸르니에가 지은 첫 공공건물이기도 하다. 그들은 재료들을 뛰어나게 조합해 주변 환경과 어울리게 건물을 지었으며, 옷에 바치는 헌사의 공간을 특별히 돋보이도록 했다. 벽돌은 마라케시에서 전통 방식으로 구운 테라코타를 사용했고 테라초는 그 지역 돌과 대리석을 모아 만들었다. 멀리서 본 박물관은 더스티핑크색이다. 가장 눈에 띄는 것은 격자 모양으로 쌓은 벽돌인데 이는 박물관에 전시된 직물의 씨실과 날실을 상징한다. 실크에 달린 레이스처럼, 하단의 낮고 매끄러운 파사드와 대비된다. 한편 두 건축가는 느슨하게 드리운 주름과 곡선이 예리한 직선과 만나 섬세하게 재단된 생 로랑의 옷에서도 영감을 얻었다. 건물의 기하학적인 모습은 생 로랑의 작품을 묘사하고 있다.

142

격자 모양으로 쌓은 벽돌은 직물의 씨실과 날실을 상징하는 디자인이다.

피에르 베르제는 모로코 탕헤르에 있는 자
신의 개인 주택 디자인도 스튜디오 KO에
맡겼다.

마르티와 푸르니에는 이렇게 말한다. "마라케시 도시 구조와 통일성을 주기 위해 이 도시의 상징인 강렬한 색을 사용하되 상대적으로 단색화하거나 음영을 주어 다양한 변주를 주고 싶었다. 그리고 이 지역의 기술과 재료만으로 작업하고 싶었다."

가까이서 보면 색과 질감의 변화가 시선을 사로잡는다. 스튜디오 KO식 미니멀리즘은 산업적이고 획일적인 마감을 피한다. 벽돌의 불규칙성과 배치 방식은 완벽한 곡선에 대한 환상을 매혹적으로 펼친다. 빛의 모양을 만드는데도 심혈을 기울여 하루 종일 빛에 따라 건물의 모습 또한 변하도록 했다. 스튜디오 KO는 "빛의 물질성은 태양의 움직임에 따라 달라지며 시시각각 다른 그림자를 만들어 낸다"라고 설명한다. ──

JUHANI

유하니 팔라스마

PALLASMAA

번스 낯설게 하기의 현상학에 대해 어떻게 생각하나요?

팔라스마 분위기, 즉 공간의 전체적인 인상은 우리가 날씨를 느낄 때처럼 모든 감각을 통해 다가옵니다. 이는 매우 복잡한 현상이지만 한편으로는 지극히 단순한 경험이기도 합니다. 제 현상학은 시골 소년의 현상학입니다. 어린 시절 할아버지의 핀란드 시골 농장에서 4년을 살았어요. 관찰 말고는 할 일이 없는 곳이었죠. 그때부터 지금까지 저는 계속 관찰을 하고 있지요.

번스 시각적인 아름다움 너머를 추구하는 것이 왜 중요한가요?

팔라스마 17세기까지만 해도 우리의 주된 감각은 청각과 후각이었고 시각은 세 번째였습니다. 하지만 점차 시각적인 것에 집중하게 되었고 나머지 감각들은 점점 후퇴했죠. 저는 다양한 감각적 인식과 감각적 존재를 이해해야 한다고 생각합니다. 인간에게는 다양한 감각들과 감각 체계들이 존재합니다. 가장 중요한 것은 우리의 실존적 감각, 즉 자아감입니다. 우리는 눈뿐 아니라 우리의 존재 전체를 통해서 건축물과 만납니다.

번스 건축에 사용된 물질, 즉 건축 재료가 인간의 감각을 어떤 방식으로 강화시키나요?

팔라스마 시각은 다른 감각들로 가는 정보를 조정합니다. 우리는 시각을 통해 사물의 표면과 재질을 만집니다. 저는 제자들에게 눈이 아닌 다른 감각들로 사물의 감촉과 촉감을 느껴 보라고 합니다. 촉각적 경험의 중요성을 이해하게 되면서 건물이나 가구, 다른 모든 것의 설계도를 그릴 때에도 모서리나 표면의 감촉이 어떨지를 생각하게 되지요.

번스 자연 물질이 합성 물질보다 더 중요한 이유는 무엇인가요?

팔라스마 자연 물질은 어떤 방식으로든 세상

John Clifford Burns

"촉각적 경험의 중요성을 이해하게 되면서 건물이나 가구, 다른 모든 것의 설계도를 그릴 때에도 모서리나 표면의 감촉이 어떨지를 생각하게 되지요."

팔라스마는 건축물만이 아니라 책도 남겼다. 가장 유명한 저서 《건축과 감각》에서 그는 시각을 우선시하는 문화를 비판하면서, "다른 감각들은 세계와 우리를 결합시키지만 시각은 분리시킨다"고 주장한다.

의 이야기를 들려줍니다. 돌은 퇴적작용을 말하고 나무는 성장을 이야기하죠. 화학 물질은 생명과의 관계나 시간의 흐름을 표현하지 않지요. 자연 물질들은 근사하게 낡아 가며 운치를 풍기지만 인공 물질들은 추하게 닳을 뿐입니다.

번스 인테리어가 미각에 어떤 영향을 미친다는 건가요?

팔라스마 맛은 주로 천연 재료들에서 느낍니다. 매끄러운 흰색 대리석을 보면 혀를 대 보고 싶지 않나요? 둥근 대리석이나 돌은 사탕처럼 생겼고, 다양한 나무들 역시 어떤 맛을 암시합니다.

번스 1996년 첫 책 《건축과 감각》 출간 이후 기술이 많이 변했는데, 접근 방식에 변화는 없나요?

팔라스마 별로요. 현대는 형태에 지나치게 집착하다 보니 분위기에 대해서는 거의 생각하지 않지요. 하지만 모든 공간, 모든 장소, 모든 거리, 모든 풍경마다 고유의 분위기가 있습니다. 우리의 감정을 가장 먼저 조절하고 움직이는 것도 바로 그 분위기지요.

번스 어떻게 하면 일반 가정집에서 촉각적 요소들을 구현할 수 있을까요?

팔라스마 우리 집에는 나무가 많아요. 제가 모더니스트이자 미니멀리스트이긴 하지만, 제 미니멀리즘은 감각적 특징을 배제하지 않아요. 건축에서 가장 중요한 것은 경험과 느낌을 상상하는 능력이에요. 저는 매혹적이고 아늑한 분위기를 조성하려고 노력하는 편이에요. 관능적이기도 하고 어떻게 보면 에로틱하기도 하죠. 이 시대 건축물들은 각지고 딱딱해서 에로틱하지 않아요. 모더니스트인 저는 낭만적인 건축은 하지 않지요. 다만 건축이 친밀하고 매혹적이고 다양한 개성을 존중했으면 해요. 저도 그렇게 표현하고 싶고요. ——

MATERIALITY

FRAMA

프 라 마

Frama Studio

쇼룸, 코펜하겐, 덴마크

2013

프라마 — 예술적으로 불완전하고 시적으로 절제된 코펜하겐의 프라마 스튜디오의 쇼룸은 특유의 미적 접근 방식을 구체적으로 보여 준다. 재질의 고귀함에 대한 존중과, 시간이 흐르면서 예측할 수 없는 방향으로 낡고 바래는 것을 구체적으로 표현하는 자신감이 드러난다.

이따금 저녁 식사나 행사가 열릴 때 쇼룸은 주방 겸 응접실 기능도 한다.

프라마 스튜디오는 오래전 약방이었던 이 건물로 이사 오기 전 코펜하겐 항구 도시인 노하운에 있는 산업 시설에서 스튜디오를 운영했다.

덴마크의 디자인 기업 프라마 본사는 고풍스러운 분위기와 현대적인 분위기 중간 즈음에 있다. 18세기식 주택가에 위치한 이곳은 거의 100년 가까이 약방 건물이었다. 2013년 이곳에 스튜디오를 연 프라마는 로마 신들의 모습이 그려진 천장 벽화, 오래된 참나무 선반, 캐비닛 등 옛 모습을 보존하는 방식으로 과거에 대한 깊은 존중을 드러냈다. 완벽주의를 삼가는 프라마의 기풍을 시각적으로 잘 보여 준다. "여기저기 긁힌 곳도 있고, 콘크리트 귀퉁이가 좀 떨어져 나간 곳도 있다. 이런 캐주얼함이 오래된 것과 새것을 이어 주면서 극도로 깔끔하게 정리된 공간에 비해 덜 낯설게 느껴지

고 더 응집성을 갖게 해 준다." 프라마 스튜디오의 설명이다.

이 시각적 풍요로움은 프라마가 강조하는 철학, 즉 보이는 것은 모두 그 존재 이유가 있다는 주제 의식을 드러낸다. 퇴폐적이고 장식적인 디자인을 경계하는 프라마 스튜디오를 닮은 이 공간에는 불필요한 감각이 전혀 없다. 고객들은 그 어떤 간섭이나 자극 없이 대리석과 코르크로 만든 테이블이나 오크나무와 강철로 만든 선반 위의 진열품들을 손으로 만져 보면서 오롯이 그 윤곽과 형태를 느낀다. 나무와 돌 등 자연 재료들은 스스로 존재를 드러낸다.

"여기저기 긁힌 곳도 있고, 콘크리트 귀퉁이가 좀 떨어져 나간 곳도 있다.
이런 캐주얼함이 오래된 것과 새것을 이어 주면서 극도로 깔끔하게 정리
된 공간에 비해 덜 낯설게 느껴지고 더 응집성을 갖게 해 준다."

이런 단순함은 약재상이었던 이곳의 역사
와도 통한다. 1800년대 약방들은 저울을 이용
해 약의 비율과 무게를 정확하게 측정했는데,
그 약들은 가장 순수한 형태의 화학 원소들이
거나 약초 같은 것들이었다. 여기에는 재료 하
나하나에 대한 존중과 손님의 몸과 마음이 치
유되길 바라는 맑은 마음이 묻어 있다.

프라마는 전시 방식을 통해 모든 것들이 저
마다 지니고 있는 균형미를 보여 주며, 자연 재

료를 사용해 살아 있는 모든 것들에 대한 애정
을 드러낸다. 합성 재료로 된 것들과는 달리 시
간이 흐르고 사용할수록 예측할 수 없는 운치
를 더해 간다. 스튜디오 건물과 마찬가지로 전
시품들도 닳고 망가질 수 있는데, 프라마는 그
런 것들을 소중히 여기며 말한다. "우린 실수
도 저지르고 변덕도 부리는 있는 그대로의 인
간도 품어 주는 문화를 좋아한다. 그것도 그저
자연이 지닌 속성의 일부다." ──

1980년대에 디자인된 복고적이면서도 초현대적인 트라이앵글로 체어는 포라마의 작품이다.

D

COLOR

색

COLOR

BIJUU
RESIDENCE

비쥬 레지던스

Teruhiro Yanagihara

호텔, 교토, 일본
2013

비쥬 레지던스 — 펜트하우스의 색채 배합은 기존의 색에서 시작했다. 원래 있던 가정집을 개조하면서 찾은 붉은 벽돌을 그대로 사용한 것이다. 은은한 붉은빛의 벽돌은 방의 어둡고 짙은 색조, 교토의 잿빛 하늘과 대비되어 손님들에게 따스한 불 가에 있는 듯한 느낌을 준다.

건축가 야나기하라 데루히로는 건물에 원래 있던 벽돌을 토대로 건물을 개조했다.

"그 재료의 색을 통해 따뜻한 느낌을 전달하고자 했다. 고객들이 느끼는 온기는 대단히 중요하다. 온기가 있어야 이 공간에서 편히 쉴 수 있기 때문이다."

비쥬 레지던스는 지하에 비쥬 갤러리를 운영하고 있다. 이 공간은 지역 사회 주민들이 다목적 행사 공간으로 이용할 수 있다.

비쥬 레지던스 펜트하우스 스위트룸은 호텔 방에만 머물고 싶을 정도로 따스한 온기를 풍긴다. 원래는 채소 절임을 파는 부유한 상인의 집이었는데, 건축가 야나기하라 데루히로가 100년 된 원래 재료의 차분한 갈색 톤을 살려 디자인했다. 중심 색은 침대 뒤에 있던 벽 공간과 주방 조리대를 지지하기 위해 쌓은 붉은 벽돌을 모티브로 했다. "우리가 사용한 재료는 돌이나 벽돌처럼 단단한 재료들이다. 하지만 그 재료의 색을 통해 따뜻한 느낌을 전달하고자 했다. 고객들이 느끼는 온기는 대단히 중요하다. 온기가 있어야 이 공간에서 편히 쉴 수 있기 때문이다." 야나기하라는 설명한다.

펜트하우스에 사용된 다른 재료도 흙과 유사한 느낌을 준다. 커튼도 진흙으로 천을 염색하는 전통적인 염색 기법으로 제작했다. 나무 재료에는 나무의 결을 그대로 살려 주는 마감재를 발랐고 꽃 장식으로 계절감을 준다.

일본 전통 꽃꽂이인 이케바나는 계절에 맞는 꽃들로 장식한다.

호텔 밖으로는 벚나무들이 늘어서 있다. 봄
이면 손님들이 창문 밖으로 만개한 벚꽃이
흩날리는 풍경을 감상할 수 있다.

야나기하라는 자연 재료들과 조화를 이루
는 색만 사용하는 데 공을 들였다. 회색빛이 감
도는 분홍색 대리석 바닥에서는 레몬색과 크
림색, 연한 자줏빛이 스며 나온다. 다양한 색
조로 변주를 준 분홍색은 옅은 분홍색의 다기,
욕실 테이블 밑의 강렬한 분홍 줄무늬, 침대 발
치의 마젠타색 등으로 깊은 조화를 이룬다. 자
연광은 본래 자연이 지닌 강렬한 색을 있는 그
대로 드러나게 해 준다. 흐린 날에는 이 색들

의 복잡하고 섬세한 느낌이 더 짙어진다. 분홍
색 대리석 욕조에서 창밖을 내다보면 건물 지
붕에 쌓인 검은 기와들, 미드나잇그린 색깔을
띠는 운하와 주변의 작은 관목이며 나무들, 건
너편에 있는 베이지색, 회색, 갈색의 건물들,
그 너머로 계절마다 색이 변하는 산들이 보인
다. 이 건축물에 사용된 색들은 교토를 축소해
담고 있으며, 손님들은 객실을 나가지 않고도
교토를 느낄 수 있다. ——

SEASIDE

ABODE

시사이드 어보드

Norm Architects

레지던스, 북셸란섬, 덴마크

2018

시사이드 어보드 — 바닷가에 지은 집들은 주로 흰 모래사장과 푸른 바다의 햇살 가득한 풍경을 반영하는 색들을 사용한다. 하지만 덴마크에서는 아니다. 코펜하겐의 북쪽 해안선에 있는 이 주택은 다른 색을 보여 준다. 얼룩덜룩한 회색과 베이지, 갈색이 뒤섞인 이 집은 날씨가 바뀔 때마다 색이 달라 보인다. 놈 아키텍츠는 이 복잡한 풍경과 어우러지고 함께 변하는 집을 만들었다.

이 집에 사용된 목재는 흙색과 비슷하게 만든 색으로 물들였다. 더러는 바깥 풍경을 반영해 의도적으로 비바람에 퇴색한 듯 칠했다.

해변에 있는 주택들은 주변 환경에 맞지 않게 존재감을 드러내며 인간이 만든 기념물임을 선언하듯 서 있는 경우가 많다. 놈 아키텍츠는 다르다. 주변 경관을 해치지 않는 울퉁불퉁한 외관과 그 벽 안쪽에 거주하는 가족의 삶 사이에 끊임없이 대화가 오간다. 이 주택은 해변의 회색 돌에서부터 모래의 베이지에 이르기까지 주변 해안선의 색들과 같은 색을 입고 있다.

장식이 많은 집에서 볼 수 있는 밝은 원색의 단정적인 색들을 거부한 덕분에 집과 가구가 아닌 다른 것들이 주목받는다. "우리는 공간이 배경 내지는 캔버스에 가까워야 한다고 생각한다. 그곳에서 삶이 펼쳐지는 거니까. 색채감이 있는 요소들은 그곳에 사는 사람들, 그들이 먹는 음식, 그들이 함께 살아가는 모습이어야 한다. 깨끗한 캔버스에서는 중요한 것만 부각된다. 함께하는 단순한 삶이 그것이다." 놈 아키텍츠의 요나스 비예어 폴센의 말이다.

172

집은 덴마크의 거친 노스 질랜드 해안에 위치하고 있다.

라운지 공간에 있는 소파들은 피에로 리소니가 가구 업체 리빙 디바니를 위해 디자인한 것들이다.

"색채감이 있는 요소들은 그곳에 사는 사람들, 그들이 먹는 음식, 그들이 함께 살아가는 모습이어야 한다. 깨끗한 캔버스에서는 중요한 것만 부각된다. 함께하는 단순한 삶이 그것이다."

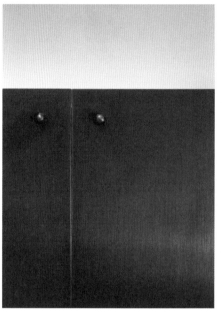

벽난로가 있는 벽의 벽돌들은 코펜하겐의 오래된 극장에서 가져와 점토의 미묘한 질감을 살리기 위해 손으로 태워 만들었다.

손수 태워 만든 벽돌은 회색과 검정색과 노란색이 감도는 신비로운 분위기를 연출한다. 기계로 구운 밋밋한 단색의 벽돌과 달리 이 벽돌들은 각각 다른 색을 띠고 있으며, 언제든 난로에서 불길이 확 올라와 다시 벽돌들을 구울 것만 같은 환상을 불러일으킨다.

실내는 바깥 환경과 전혀 단절되지 않았으며, 해변만큼이나 둘러볼 공간이 많다. 아이가 모래사장에서 나뭇가지 하나를 주워 이야기를 만들 듯, 이곳 실내에 있는 갈라진 나무 벤치

나 부드러운 바다색 침대보 같은 사물들도 이 공간이 만들어 내는 환상에 가담한다. 회색 실크와 부드러운 갈색 대나무로 만든 주방 조명들도 마찬가지다. 스웨덴에서 구입한 이 조명은 해변에서 풍화되고 침식된 것처럼 보인다.

"모든 것이 완벽하고 새것처럼 깨끗한, 반짝이는 집으로 이사를 간다면, 첫 흠집이 무척 속상할 것이다. 자연 재질들은 사용할수록 정말 근사하게 낡아 간다. 낡아 갈수록 더욱 아름다워진다." 비예어 폴센의 말이다. ──

ON

색 에 관 하 여

COLOR

건축계는 색에 대해 의심이 많다. 색에 대한 경멸은 수세기 동안 지속되어 왔고 이 경멸은 건축 영역까지 넘어왔다. 카시아 세인트 클레어는 저서 《컬러의 말》에서 로마와 그리스 작가들이 오직 선과 형태로 이루어져야 할 위대한 예술 작품이 "색 때문에 저급해진다"라고 언급했던 점을 이야기한다. 르네상스 시대, 디세뇨와 색에 관한 이론 논쟁에서는 소묘와 선이 우선이고 색은 그다음이라고 규정하기도 했다.

색은 무시되는 반면 흰색은 보통 '좋은 취향'으로 인정받으며, 영적으로도 중요하게 대접받는다. 모더니즘 건축가 아돌프 로스는 흰색을 천국의 색과 연관지었고, 르코르뷔지에는 흰색의 순수성을 강렬하게 느낀 나머지 "모든 사람들이 옷걸이, 다마스크 천, 벽지, 스텐실 등을 무늬 없는 흰색으로 칠해야 한다"고 말하기도 했다. 이 범주를 조금 더 넓게 확장한 사람들도 있다. 세인트 클레어는 흰색에 "회색을 포함시켜야 한다. (…) 회색은 흰 바탕에 검은 선 혹은 검은 바탕에 흰 선처럼 컬러에 반대하는 지적인 개념이다"라고 했다.

물론 역사적으로 사탕처럼 알록달록한 색이나 석양처럼 미묘한 색을 포기하지 않은 건축가들도 많다. 가우디의 밝은색 도자기 타일이나 유리 모자이크, 혹은 루이스 바라간의 선명한 핑크, 빨강, 오렌지, 자주색의 작품들이 그것이다.

《건축의 색 전략Color Strategies in Architecture》 저자인 피오나 매클라클런은 건축가와 색의 관계에는 '쇠퇴와 도약'이 있다고 말한다. 그는 색이 강하고 색에 관한 이론도 강했던 시기로 빅토리아 시대 중반, 바우하우스 시대, 1950~1960년대를 꼽는다. 몬드리안과 두스부르흐가 주도한 네덜란드의 신조형주의 운동은 20세기 초 건축 디자인에 생동감 넘치고 대조적인 색채를 불어넣었다. 잘만 하면 색은 활기와 활력을 주고 호기심을 불러일으킨다. 벤 판 베르켈은 "건축물에 정서적 혹은 문화적 엣지를 넣어라"라고 말

"우리는 색으로 낼 수 있는 수백만 가지의 뉘앙스보다는 오렌지색, 녹색, 파란색 같은 색에 지나치게 치중하는 경향이 있다. 우리가 보는 모든 색은 빛이다. 빛 입자가 색을 바꿀 때 우리는 색의 변화를 이해하거나 경험한다."

현대인들은 고대 유적들이 맨 돌로 만들어졌다고 생각하지만 그렇지 않다는 증거들도 있다. 일례로 고고학 연구에 의하면 아테네 파르테논 신전은 원래 빨간색과 파란색으로 칠해져 있었다. 색은 심리적으로나 생리적으로 사람들에게 영향을 미칠 수 있으며 모든 건축가의 계획에 강력한 잠재 요소가 된다.

한다. 매클라클런은 "색은 공간적 해석을 변화시킬 수 있다"라고 말한다.

한편 색은 건축의 처음 단계부터 고려해야 제 역할을 할 수 있다. 판 베르켈은 "다수의 사람들이 포스트모던 시대에 색이 지나치게 사용되어 과장되었다고 생각한다. 색을 신중하게 사용하지 않으면 건축물은 오직 색만의 놀이터가 된다"라고 말한다. 매클라클런은 색을 개념적이고 전략적 방식으로 통합시키는 것에 관심이 많다. 그녀는 "우리는 색으로 낼 수 있는 수백만 가지의 뉘앙스보다는 오렌지색, 녹색, 파란색 같은 색에 지나치게 치중하는 경향이 있다. 우리가 보는 모든 색은 빛이다. 빛 입자가 색을 바꿀 때 우리는 색의 변화를 이해하거나 경험한다"며 색의 역동적인 본질을 이해해야 한다고 강조한다.

판 베르켈은 네덜란드의 아고라 극장 외관에 짙은 오렌지색을 선택했는데, 좀 더 노란색으로 보일 때도 있고 어떨 때는 분홍색에 가까워 보인다. 그는 이것을 "네덜란드 빛이 들려주는 이야기"라고 말한다. 그의 작품인 에라스무스 대교에도 파란색이 감도는 흰색을 적용했는데 이는 흰 옷을 더 희게 보이게 하려고 파란색을 약간 첨가했던 어머니의 빨래 방식에서 착안한 것이다. 그 결과 로테르담 항구 근처의 하늘과 구름 색을 반영한 구조물이 탄생했다. 흐린 날에는 파란색이 회색으로 보인다. 햇살 좋은 날에는 하얗게 반짝인다. 이는 색의 유연성과 잠재력을 해방시키는 색의 역학을 이해했기 때문에 가능한 것이다.

여전히 다양한 색을 쓰기를 꺼리는 건축가들은 색에 비판적인 비평가들의 관점을 좀 더 의심해 볼 필요가 있다. 색을 제한적으로 사용해야 촌스럽지 않을 거라고 믿는 이들도 있다. 이에 세인트 클레어는 말한다. "유행은 흐름에 따라 색을 포용하기도 하고 거부하기도 하지만, 그렇다고 해서 색이 흑백의 근본적인 매력을 실제로 떨어뜨리지는 않는다." ──

글: 엘리 바이올렛 브램리

COLOR

DE BAYSER RESIDENCE

드베제 레지던스

Emmanuel de Bayser

레지던스, 베를린, 독일

2014

드베제 레지던스 — 엠마누엘 드베제가 사는 베를린 아파트의 기본은 세련된 선과 차분하고 모던한 디자인이다. 하지만 재미있는 요소도 있다. 눈에 띄는 선명한 색을 추가해 각 방마다 다채로운 무지개색을 더해 미드센추리 디자인을 더욱 즐겁게 해석했다.

"바쁘고 정신없는 도시에 있는 차분한 공간이다. 문을 열고 들어서면 비로소 집에 온 느낌이 든다."

위 사진에 있는 독특한 V자 모양의 다리를 가진 의자는 피에르 잔느레가 인도의 찬디가르 도시 계획 프로젝트를 진행할 당시 르 코르뷔지에를 위해 디자인한 작품이다.

두꺼운 벽과 높은 천장, 이중창 덕분에 엠마누엘 드베제의 아파트는 분주한 베를린 거리와 다른 분위기를 풍긴다. 드베제는 "바쁘고 정신없는 도시에 있는 차분한 공간이다. 문을 열고 들어서면 비로소 집에 온 느낌이 든다"라고 말한다.

안으로 들어서면 신중하게 배치된 소품들이 눈에 들어오고 이 시선은 점차 방들로, 균형을 이룬 물건들로, 질감으로, 색채로 확장된다. 장 루아예르가 디자인한 소파를 지나 묵직한 대리석 벽난로 선반까지 매혹적인 풍경이 이어진다. 벽난로 위에는 XOOOOX의 그림인 〈아쿠아 리도〉가 걸려 있다. 드베제는 "처음부터 방에 미술작품을 둘 생각은 없었다. 하지만 그림은 모든 것을 완성한다"라고 말한다. 특히 다이닝룸 벽에 걸린 그림이 그렇다. 흰색의 민무늬 나무 패널은 세르주 무이가 디자인한 검은색 캔틸레버 램프의 비현실적인 배경이 되어 준다. 무게감 있는 식탁과 윤기나는 마루 위로 세 개의 램프가 뻗어나와 있다.

알렉산드라 놀이 디자인한 그릇이 드베제의 수집품인 조르주 주브의 도자 작품들과 나란히 놓여 있다.

"거실 소파와 침대, 독서용 의자, 식탁에 이르기까지 가구들이 놓인 모습
은 사물과 마음을 한데 모아 사색적이고 편안한 조화를 이룬다."

드베제는 베를린에서 일하지만 파리에서 자
라 그곳에서 쭉 살고 있다. 그곳에는 그가
수집한 미드센추리 가구들이 있다.

식탁에 앉으면 또 다른 풍경이 펼쳐진다.
노랑, 초록, 검정의 선명한 색이 돋보이는 장
아르프의 작품들과 샬로트 페리앙의 선반, 초
록색 스탠다드 체어, 장 프루베의 책상이 식탁
을 둘러싸고 있다. 강렬한 햇빛이 컴퓨터 위에
내려앉고, 다양한 색깔의 책이 불규칙한 리듬
감을 주면서 긴 나무 선반을 따라 방을 에워싼
다. 뒤로는 필립 아크텐더의 양가죽 클램 체
어가 보인다. 밤이 되면 독서등 불빛이 희미
해지면서 길게 늘어선 책들이 어둠 속으로 물
러난다.
침실에는 결이 있는 나무 패널이 낮은 지평
선을 드리운다. 질감이 풍부한 이 공간에서 색
은 대담한 대비를 이룬다. 코리타 켄트 작품은
원색과 2차 색상으로 된 생생한 이미지를 선사
한다. 빨강, 노랑, 파랑 갓을 쓴 안젤로 렐리

의 트리엔날레 플로어 램프는 각각의 색을 발
산한다. 낮은 나무 탁자에 놓인 조르주 주브의
도자기들 너머로는 다양한 색깔의 은은한 불
빛이 흘러나온다.
유하니 팔라스마는 "자연의 물질들이 우리
를 매료시키는 이유는 우리의 시선이 그 표면
에 스미도록 허락하기 때문"이라고 말한다. 자
연스러운 바닥재와 벽지, 가구들이 있는 이런
공간은 깊고도 감각적인 볼거리를 선사한다.
거실 소파와 침대, 독서용 의자, 식탁에 이르
기까지 가구들이 놓인 모습은 사물과 마음을
한데 모아 사색적이고 편안한 조화를 이룬다.
곳곳에 있는 화병들은 시선과 마음을 더 깊숙
한 곳으로 끌어들인다. 드베제는 이곳에서 아
무것도 하지 않고 그냥 둘러보며 쉬는 것을 즐
긴다고 말한다. —

LOG

ONOMICHI

로그 오노미치

Studio Mumbai

호텔, 오노미치, 일본

2018

로그 오노미치 — 일본의 어느 사찰로 가는 산길에 1960년대에 세워진 아파트가 있다. 이 아파트는 단순히 새 칠만 한 것이 아니라 그 이상의 공간으로 바뀌었다. 스튜디오 뭄바이의 섬세한 복원 작업 덕분에 이 건축물은 우아한 숙박 시설로 탈바꿈했고 이 지역에 새로운 색채를 더해 주었다.

로그 오노미치의 벽은 주변 식물들의 색을 닮은 세이지그린색을 적용했다.

로그 오노미치에 사용된 안료는 특별한 색 몇 가지를 제외하고는 전부 현지에서 조달했다. 디닌은 색의 특징을 집중적으로 활용했고, 페인트를 만들기 위해 소석회(수산화칼슘)을 갈아 넣었다. "소석회를 넣으면 스웨이드 같은 질감이 나는데, 이런 방식으로 칠하면 벽도 숨을 쉰다"라고 디닌은 말한다.

일본의 바닷가 마을 오노미치에 자리한 로그 호텔에 묵으려면 100개가 넘는 계단을 걸어서 올라야 한다. 대신 다 오르면 아래 항구 마을을 원형 경기장처럼 에워싼 산들의 풍경을 보상으로 받는다.

로그 호텔은 스튜디오 뭄바이의 프로젝트로, 건축가 비조이 자인은 1960년대 아파트를 호텔과 커뮤니티 공간으로 개조했다. 일본 종이인 화지를 여섯 개의 객실 벽과 바닥, 천장에 발라 가죽 같은 질감과 차분하고 중립적인 톤을 연출한 객실은 마치 고치 같은 분위기를 자아낸다.

건물 외관을 새로 칠하고 유리창 일부를 유리 없는 창틀로 바꿨다는 점을 제외하면 교외의 아파트 모습이 남아 있는 편이다. 디자인을 맡은 뮈리네 케이트 디닌은 "건축가들은 색에 그다지 과감하지 않다. 나는 색으로 사물을 분명하게 표현하는 걸 좋아한다. 색은 언어니까"라고 말한다.

이 건축물 외관은 부드러운 복숭앗빛이 감도는 베이지색으로 칠했다. 외부의 계단이나 복도 같은 사이 공간에도 디닌의 언어가 분명히 표현되었다. "무인 지대 같은 분위기는 좋아하지 않는다. 색은 사람들을 공간에 머물게 하고 분위기를 만드는 데 아주 유용하다." 디닌의 말이다.

"이 색들 사이의 관계는 정말 중요하다. 한 색이 다른 색을 더욱 돋보이게 한다. 모든 것이 너무 잔잔하고 은은해 다소 맥이 빠지는 느낌이 드는데, 이곳 객실들은 톡 쏘는 듯한 느낌을 주어 정신이 번쩍 들게 한다."

공간과 공간 사이에 색을 더하면 목적성과 의도가 느껴진다. 디닌은 "이 건물 어디에 있어도 이 건물 안에 있다는 걸 새삼 실감하게 된다"라고 설명한다.

디닌은 색을 현명하게 사용했다. 3층에 있는 도서관은 바깥에 보이는 나무와 색을 맞춰 세이지그린으로 칠했다. 구리로 마감한 바와 카페는 풍부하고 자연스러운 느낌의 분홍색으로 완성했고, 개인 식사 공간은 코발트블루에 노란색을 더해 쨍한 느낌을 주었다. 전체적으로 여러 색이 사용되었지만 호텔에 사용된 모든 색들은 주변 자연환경을 반영해 엄선한 것이다.

"이 색들 사이의 관계는 정말 중요하다. 한 색이 다른 색을 더욱 돋보이게 한다. 모든 것이 너무 잔잔하고 은은해 다소 맥이 빠지는 느낌이 드는데, 이곳 객실들은 톡 쏘는 듯한 느낌을 주어 정신이 번쩍 들게 한다. 이런 효과는 마치 랩에 클래식 음악을 섞은 듯한 느낌을 준다." 디닌의 말이다. —

색은 사이 공간으로 그쳤을 공간에 목적성을 더해 준다.

DAVID

데이비드 툴스트럽

THULSTRUP

찰스 덴마크 출신인데, 때로 스칸디나비아 디자인이 연상되는 흰 벽을 사용하더군요.

데이비드 흰 벽이 어떻게 '스칸디나비아 디자인'이 되는지 모르겠군요. 이곳에는 나무와 돌담, 가죽, 태피스트리에 관한 역사가 무궁무진합니다. 저는 꼭 필요한 상황이 아니면 굳이 흰색을 주장하지 않습니다. 제가 색을 다루는 방식은 보다 현대적입니다. 제게 색은 물질성을 통해 옵니다.

찰스 다양한 재료들이 어떻게 각각의 색을 내나요?

데이비드 흔히들 색이라고 하면 페인트칠을 떠올립니다. 저는 단순히 페인트칠이 아니라 일종의 질감을 더합니다. 저는 자연스러운 색으로 나무 특유의 두께감을 강조하고 싶어요. 벽이나 바닥, 천장 등에도 자연 재료에서 낸 색을 즐겨 칠합니다. 재료의 물질성이 주는 따스함이 있거든요.

찰스 색을 칠하는 이유는 무언가요?

데이비드 오래된 건축물에 색을 칠한다는 건 말이 안 되죠. 저라면 원래 재료를 그대로 두고 거의 복원 작업만 할 겁니다. 좋은 색채 배합에 대한 평가는 지리와 역사적 관점에서 이루어져야 합니다. 페인트는 역사적인 요소들을 없애 버리죠.

찰스 몬드리안은 초록색을 싫어했죠. 특히 꺼리는 색이 있으신가요?

데이비드 회색 종류요. 너무 밋밋하고 단조로워요. 저는 대비되는 색을 좋아합니다. 주변 환경을 해치지 않는 색도 좋아하죠. 더스티 로즈, 회색, 거무스름한 색으로 바닥을 깔았다면 빨간색에서 오렌지색 중간의 의자를 놓으면 멋질 것 같아요. 선명한 대비를 이루니까요. 파란색 의자는 어울리지 않아요. 색채 작업은 모든 것들이 지닌 강렬한 점들을 조화시키는 작업입니다. 극단적인 미니멀리즘이 대세를 이룰 미래를 생각하면 안타까워요. 색에는 즐거움이 있어요. 커다란 동작이 아니라 주위 환경에 가미되는 거죠. 미래에

"극단적인 미니멀리즘이 대세를 이룰 미래를 생각하면 안타까워요. 색에는 즐거움이 있어요. 커다란 동작이 아니라 주위 환경에 가미되는 거죠. 미래에는 반드시 색들이 다양해야 합니다."

툴스트럽은 스칸디나비아의 미니멀리즘에 반대하는 것으로 유명하다. 1940년대와 1960년대 덴마크 디자이너들이 사용했던 생생한 색 팔레트에서 영감을 얻곤 한다. 하지만 지금은 이런 색들이 잊혔다고 생각한다.

는 반드시 색들이 다양해야 합니다.

찰스 자연 재료는 표면이 낡으면서 색의 관계가 변하죠.

데이비드 낡아 간다는 건 가구의 영혼이 깊어지는 거예요. 노마 인테리어 작업을 할 때 분홍색 가죽으로 된 벤치가 있었어요. 식당 주인은 금방 더러워질 거라며 치우길 원했죠. 하지만 저는 말했어요. "맞아요. 의자에 붉은 와인 얼룩이 지고 사람들의 손때를 타 낡겠죠. 얼룩이 200배쯤 많아지겠죠. 하지만 그 후에는 정말 근사하게 보일 겁니다"라고요.

찰스 색채에 대해 고객과 깊은 논의를 하시나요?

데이비드 네, 깊게 상의해요. 적당한 음영을 찾기 위해 열 개의 견본 작업을 할 때도 있어요. 단순히 겉면에 색을 덧대는 것이 아니라 재료가 색에 깊이 묻히도록 작업합니다. 실제 상황에선 빛 때문에 색이 완전히 다르게 보여요. 한번은 밝고 연한 파란색의 커다란 테이블과 맞춤 램프를 만들었어요. 하지만 테이블에 앉는 순간 '갖다 버려야겠다. 램프 빛이 너무 차가워서, 여기 앉아 있으면 아픈 사람처럼 보이네'라고 생각했죠. 당신이라면 램프와 테이블 중 무엇을 버리시겠어요?

찰스 빛이 없으면 색도 없죠. 자연광 등이 작업에 어떤 영향을 주나요?

데이비드 오랫동안 감각적인 장소들을 둘러보고, 내 프로젝트에 어떤 색채와 자연 재료들을 사용할지 고민하는 과정이 저에겐 가장 큰 즐거움이에요. 자연광과 낮 시간대의 경험이 매우 중요하죠. 비는 얼마나 내리는지, 너무 춥지는 않은지 등을 생각해야 해요. 그냥 데이비드 툴스트럽 색 팔레트를 집어 들고 여기저기 사용하는 게 아니랍니다. 내 작업을 컴퓨터 모니터로만 보는 건 정말 안타까운 일이에요. 고객과 공간을 모두 이해하려면 결국 감수성과 정성 어린 손길이 필요합니다. ─

COLOR

PAVILLON SUISSE

파빌리온 스위스

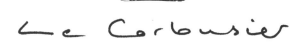

대학 캠퍼스, 파리, 프랑스

1933

파빌리온 스위스 — 파리 외곽순환도로 바로 뒤, 황량한 곳에 현대 건축의 실험실이 있다. "집은 살기 위한 기계다"라고 말했던 르코르뷔지에의 신념에 충실하게 설계한 학생 기숙사다. 이곳에 머무는 학생들에게 파빌리온 스위스는 밝고 다채로운 색이 있는 기계. 거기에 디자이너 가구만 몇 점 더해졌을 뿐이다.

샬롯 페리언은 각 방의 독창적인 실내장식을 디자인했다. 2000년대 들어서면서 현대화되긴 했지만 학교 행정부는 기존에 있던 방 하나만 보존하고 나머지는 페리언이 새로운 가구를 들이도록 허용하는 것이 적합하다고 보았다.

르코르뷔지에의 사명은 유토피아, 그것도 철근 콘크리트로 된 유토피아를 건설하는 것이었다. 이 스타 건축가는 '살기 위한 기계'를 만들기 위해 베통 브뤼(거친 노출 콘크리트)를 쏟아 부었다. 그는 오래전부터 이미 공용 공간, 옥상정원, 색 견본 등을 그의 '공간과 빛과 질서' 계획에 다 넣어 두었다.

이 기숙사에선 여러 나라 학생들이 각 나라를 테마로 한 곳에서 지낸다. 예컨대 일본 학생들은 떠오르는 태양을 상징하는 나무판자를 지나 기숙사로 들어간다. 모로코 학생들은 화려한 무어식 모더니즘 공간에서 공부한다.

스위스 학생들을 위한 파빌리온 스위스는 1931년에서 1933년 사이에 완공되었는데, 르코르뷔지에의 다른 창조물들과 마찬가지로 예산과 재료 부족의 영향을 고스란히 받았다. 아니면 스위스의 극도의 절약 정신이 반영되었다고 볼 수도 있겠다. 이런 긴축재정은 세계대전 때문이었다. 르코르뷔지에는 빠듯한 예산으로 학생들의 가장 큰 욕망을 반영했다. 즉, 주머니 사정이 넉넉한 프랑스의 예산으로 현대적인 환상을 건축물에 넣었다. 스위스 기숙사는 그의 후기 작품 창작의 시발점이 되었다. 자로 잰 듯 평평한 파사드는 UN 본부를 축소시킨 듯한 모습이다. 대단히 아름답고 순수한 건축이다.

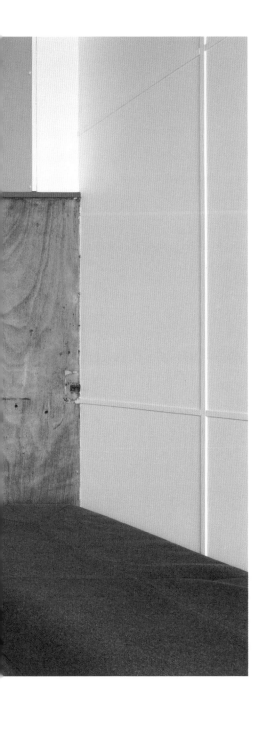

"면적이 16제곱미터에 불과하기에 기능적이어야 했다. 노닥거리고, 연애하고, 알베르 카뮈를 읽을 정도의 공간이면 충분했다."

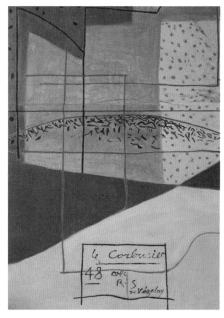

"공용 구역은 친밀감과 색에 치중했다. 옥상정원은 스위스에서 유배된 영
혼들에게 활력을 주었다. 한여름에는 기숙사 아래 그늘이 드리운 공간
도 초록색으로 반짝였다."

르코르뷔지에는 '새로운 건축의 5원칙'에
집착했다. 기둥들이 에메랄드색과 회색으로
뒤덮인 도시 위로 건물을 밀어 올렸다. 이렇게
떠 있는 구조는 자유롭고, 공기가 통하고, 탁
트인 설계를 가능하게 했다. 이 자유로움은 45
개의 혁신적인 방들을 만들었다. 건축 비용을
줄이고 학생들의 불안을 누그러트리는 급진적
인 설계였다. 각 방마다 수납공간, 화장실, 파
노라마식 학습 공간을 결합했다. 면적이 16제
곱미터에 불과하기에 기능적이어야 했다. 노
닥거리고, 연애하고, 알베르 카뮈를 읽을 정도
의 공간이면 충분했다.

공용 구역은 친밀감과 색에 치중했다. 옥상
정원은 스위스에서 유배된 영혼들에게 활력을
주었다. 한여름에는 기숙사 아래 그늘이 드리
운 공간도 초록색으로 반짝였다.

1948년, 르코르뷔지에는 다시 건물로 돌아
와 만화경처럼 변화무쌍한 마감을 적용했다.
건물 저층에는 LC3 그랑 콩포르 암체어를 잔
뜩 갖다 놓고, 스위스와 프랑스를 상징하는 다
채로운 색의 거대한 벽화를 그렸다. 이것이 르
코르뷔지에다. 콘크리트를 색과 연결해 지속
적인 공동체를 만드는 것. ──

E

COMMUNITY

공 동 체

COMMUNITY

ARUMJIGI FOUNDATION

아름지기 재단

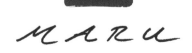

문화센터, 서울, 대한민국

2013

아름지기 재단 — 한국의 문화유산이 과거에만 머물지 않게 하기 위해 아름지기 재단은 한국의 5,000년 디자인 역사의 정수를 추출해 빛이 가득한 서울 본부에 담았다. 전통 한옥부터 한복에 이르기까지 모든 것을 재해석해 현대에 접목하고 있다.

문화센터, 서울, 대한민국

마당에서 다양한 행사를 여는 한국의 관습
에 따라 건축가들은 가옥을 2층으로 올렸다.

한국은 20세기 후반 급속히 변했고, 전통문화
보존은 경제성장에 밀려났다. 하지만 21세기
들어 분위기가 바뀌었다. 아름지기 재단의 신
연균 이사장은 "많은 사람들이 극적인 성장을
하는 동안 잃어버린 것에 대해 생각했고, 문화
와 전통을 되살려야 한다는 사실을 깨달았다"
라고 말한다. 아름지기 재단은 한국의 문화와
전통을 지키고 현대에 뿌리내려 미래 세대에
게 전달해 주기 위해 설립된 비영리 단체다.

건축사사무소 마루가 지은 이 겸손한 저층
건물은 옛것과 새것이 매끄럽게 혼합하여 형
태나 재료 모두 주위 환경과 조화를 이룬다. 외
관은 밝은색의 나무와 콘크리트, 유리 등이 어

우러져 소리 없는 교향곡을 연주한다. 내부는
전시, 각종 행사, 사무실 등으로 사용되는 공
간이 기능적으로 구분되어 있음을 넌지시 암
시한다. 공간들, 흰 벽, 담백한 나무, 단정한
선들 사이의 자연스러운 흐름은 명상적인 분
위기를 자아낸다. 언뜻 근처 경복궁의 단순하
고 우아한 아름다움이 떠오르기도 한다.

"한옥에서 생활하고 일하는 사람들은 이 전
통 가옥이 얼마나 편안한 느낌을 주는지, 그 안
에 있으면 모든 동작과 움직임이 얼마나 여유
있는지 이야기하곤 한다. 이렇게 전통적인 공
간은 우리에게 많은 영향을 준다." 신연균 이
사장의 말이다.

"전통 방식으로 지어진 가옥에서 생활하고 일하는 사람들은 한옥이 얼마나 편안한 느낌을 주는지, 그 안에 있으면 모든 동작과 움직임이 얼마나 여유 있는지를 이야기한다."

"공간들, 흰 벽, 담백한 나무, 단정한 선들 사이의 자연스러운 흐름은 명상적인 분위기를 자아낸다."

공공장소와 전시장은 보다 사교적인 공간인 아래층에 있고 사무실은 위층에 있다. 안마당에 벽처럼 되어 있는 미닫이 목재 문을 열면 아래로 서울 거리가 내다보인다. 이런 표현 방식은 매우 중요하다. 공동체가 이 프로젝트의 핵심이기 때문이다. 아름지기 재단은 과거의 사원으로서의 목적에 충실하기 위해 음식, 건축, 의류, 그 외 많은 분야의 전시회를 자주 연다. 이 따스한 건축물의 목적은 사람들이 모이게 하는 것이다. 예술가들과 장인들이 많이 거주하는 서촌과 지역사회, 더 넓게는 세계 공동체 사람들을 이곳으로 불러들이는 것이 목적이다.

신연균 이사장은 "주위에 사는 사람들도 이곳을 무척 좋아한다. 나는 이곳이 사람들에게 오랫동안 영감을 줄 것이라고 확신한다"라고 말한다. ──

실내는 한국의 전통 가옥인 한옥에서 영감을 받았다.

TOMBA

BRION

톰바 브리온

묘지, 산 비토 디 알티볼레, 이탈리아

1978

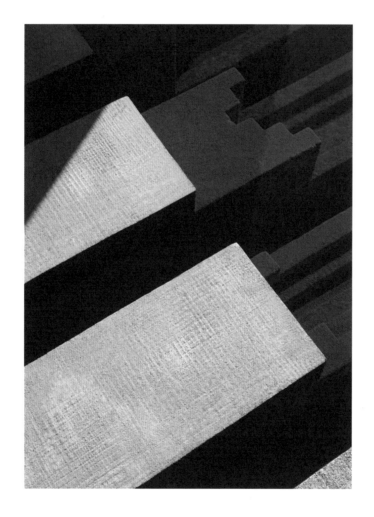

톰바 브리온 — 무덤은 그곳에 묻힌 사람을 기리기 위해 만들어지지만 산 사람을 위한 보편적인 장소도 될 수 있다. 외딴 마을에 묘지 하나가 돌로마이트 산기슭을 바라보고 있다. 카를로 스카르파는 이곳에 들어오는 모든 이들과 교감할 수 있는 시적인 비율의 묘지를 만들었다.

입구는 남편과 아내의 결합을 상징하는 두 개의 원이 서로 맞물려 있는 모습이다.

빛나는 유산에도 불구하고 카를로 스카르파는 건축가로서 인정받지 못했다. 학생들에게 그저 '교수님'으로만 불렸다.

톰바 브리온은 환영받을 만한 장소는 아니다. 베니스 북서쪽 작은 마을 산 비토 디 알티볼레에서도 외딴 곳에 위치해 있어 무엇보다 접근성이 안 좋다. 묘지라는 점도 간과할 수 없다. 이곳에는 전자업체 브리온베가의 설립자 주세페 브리온과 그의 가족이 잠들어 있다. 베니스 건축가 카를로 스카르파는 무덤이 죽은 자들의 안식처뿐 아니라 산 자들의 쉼터가 되길 바랐다. "죽음에 사회적이고 시민적으로 접근할 수도 있다는 걸 보여 주고 싶었다." 그는 말한다. 약 2,200제곱미터 크기의 이 묘지에는 콘크리트 구조물과 정원, 인공 폭포 등이 좁은 길을 따라 어우러져 있다. 이런 배치는 한 편의

시 같은 효과를 낸다.

건축가이자 스카르파 연구자인 리처드 머피는 묘지 안의 예배당, 유골함, 무덤, 명상의 섬 등이 논리적인 순서로 되어 있다고 말한다. 즉, 장례식이 진행되는 순서라는 것이다. 또한 연결되어 있는 듯 보이면서도 어떻게 보면 요소들이 무작위로 보인다. "콘크리트 위를 온갖 식물들과 벌레들이 뒤덮고 있어서 현대적인 구조물에서 세월의 풍파를 그대로 겪은 듯한 느낌의 구조물로 빠르게 변한다"라고 그는 설명한다. 스카르파는 의식적으로 이러한 시적인 변화를 적용했다. 생전에 그는 이곳이 아이들의 놀이터로 사용되기를 바랐다고 한다.

"이 묘지는 20세기 건축과 풍경에서 가장 위대한 형이상학적 작업이라
고 생각한다. 질병이나 죽음을 노골적으로 드러내지 않고도 깊은 성찰을
하게 만드는 스카르파의 천재성은 가히 기념비적이다."

가장 많이 사용된 재료는 콘크리트다. 스카르파는 이 콘크리트를 창의적으로 다듬어 부드럽게 보이게 만들었다. 넓은 벽에는 나무판자 자국이 그대로 남아 있으며 예배당에는 정교하게 무늬를 새긴 작은 창문들이 있다. 귀중한 재료와 기본 재료를 겹겹이 쌓는 것은 베니스 사람다운 발상으로 보인다. 어느 곳에서 보아도 건축물이 외부를 향해 끝없이 열려 있는 듯 보인다.

이곳이 산 자들의 고요한 성찰의 장소라면 죽은 자들에게는 영원한 성찬 의식이 열리는 곳이다. 톰바 브리온에는 주세페 부부의 거대한 무덤이 곡선 모양의 콘크리트 차양 아래 기대듯 기울어 있다. "이 묘지는 20세기 건축과 풍경에서 가장 위대한 형이상학적 작업이라고 생각한다. 질병이나 죽음을 노골적으로 드러내지 않고도 깊은 성찰을 하게 만드는 스카르파의 천재성은 가히 기념비적이다." 머피는 말한다. 스카르파도 이곳에 영면했다. 어쩌면 이는 건축가에게 궁극의 안장인지도 모른다. 자신들이 만든 창조물 안에서 영원히 고요하게 정원을 손질할 수 있도록. ──

스카르파는 콘크리트 구조물의 엄숙함을 장식적인 요소들과 자연광으로 부드럽게 만들었다.

ON

공동체에 관하여

COMMUNITY

'공동체'라는 말은 원래 지리적 의미만을 지녔었다. 하지만 이제는 공유하는 관심사, 정치적 신념, 성별, 종교, 윤리적 기원 등을 포괄하는 개념으로 진화했다. 건축가들의 고민은 깊어졌다. 공동체라는 개념이 이토록 유연하고 소속감이라는 개념이 공간과 분리된 이 시기에 어떻게 공동체가 활발한 공간을 계획할 수 있을까?

물론 건축가들은 항상 공동체 의식을 만들기 위해 노력해 왔다. 19세기 프랑스의 철학자 샤를 푸리에는 공공 주거와 개인 주거를 결합한 유토피아적 복합 주택 디자인을 내놓았다. 또한 공동으로 아이들을 기르고 잠자리 상대자를 서로 교환하는 방식을 강력하게 권고하기도 했다. 푸리에가 제안한 사회적 식사 개념은 20세기 초, 정원 도시를 설계하고 있던 에버니저 하워드가 농부와 유통 과정, 구매자 사이의 연결망을 구축하는 교외 지역 설계를 구상하는 데 도움을 주었다.

건축을 통한 사회적 공학의 개념은 런던에 있는 골든 레인 거리나 바비칸 에스테이트 주택단지 같은 프로젝트에서 공동의 공간과 공유 시설을 통합한 설계를 보여주며 전후 유럽에서 다시 활기를 띠게 되었다. 북미에서는 모쉐 사프디가 캐나다 몬트리올에 해비타트 67을 지었고, 뉴욕에서 활동하던 제인 제이콥스는 함께하는 도시, 걷기 좋은 도시들이 유기적으로 등장해야 공동체가 잘 조성될 수 있다는 점을 책을 통해 주장했다.

소비에트 연방에서 주택단지 사업과 공동주택 사업이 활발했다고 해서 건축을 통해 공동체를 조성한다는 개념이 좌파로 분류되지는 않는다. 플로리다 디즈니월드에 있는 에프콧 센터(미래의 실험적 공동체 견본)는 원래 월트 디즈니가 주거 공동체로 구상했던 것이며 영국 찰스 왕세자의 실험적인 마을 파운드베리는 사람들이 전통적인 방식의 마을에서 더 조화롭게 살 것이라는 믿음으로 만들어졌다.

재정난과 젠트리피케이션 문제가 대두

> "공동체라는 개념이 이토록 유연하고 소속감이라는 개념이 공간과 분리된 이 시기에 어떻게 공동체가 활발한 공간을 계획할 수 있을까?"

벽돌과 모르타르로 공동체를 만들려는 시도는 지나치게 유토피아적이라는 비판을 종종 받는다. 오스카르 니에메예르는 자신이 설계한 브라질리아 도시 디자인에 관해 훗날 이렇게 말했다. "모든 전통의 장벽들이 무너지고 새로운 사회가 탄생하는 듯 보였다. 하지만 효과가 없었다. 이제 브라질리아는 너무 거대하다. 이제 그곳에는 개발자와 자본가들이 사회를 분열시키고 도시를 망치고 있다.

되는 현대 도시의 건축가들이 공동체 개념의 공간감과 지속성을 재건하는 과정에서 세대, 계급, 인종, 사회적 성별의 경계를 허물고 소외 없는 공간이 되게 한다는 것은 결코 쉬운 일이 아니다. 허세와 야망을 줄이고 공동체 자체에 귀를 기울이는 건축가가 필요하다. 예를 들어 영국의 어셈블은 단순히 건물만 짓는 것이 아니라 공동체의 활성화를 위해 처음부터 주민들을 동참시키는 방식의 도시 설계를 개척했다.

공동체를 기반으로 해결책을 모색하는 미래 지향적 건축가들은 어느 곳에나 있다. 칠레의 사회적 주택 프로젝트인 '킨타 몬로이'의 건축사무소 엘리멘탈은 기존의 공동체를 붕괴시키는 대신 원래의 건축물을 기반으로 주택단지를 건설했는데, 집을 절반만 짓고 나머지는 거주자들이 여유가 될 때 완공하게 함으로써 비용을 크게 줄이는 방식을 택했다. 한편 베네수엘라 카라카스의 '어반 씽크 탱크' 프로젝트는 수직형 체육관을 세워 최소의 개입으로 그 지역 젊은 이용자들의 삶에 큰 변화를 가져온 현명한 프로젝트로 인정받는다.

이들 프로젝트의 공통점은 건축가들이 지역사회의 문제를 인식하는 데 그치지 않고 적극적으로 대응했다는 것이다. 현대 건축 연구자 피트 콜라드는 말한다. "주민들이 진정으로 유대감과 주인 의식을 느끼는 공공건물들이 있다. 건축가라고 아름다운 디자인만 고민할 필요는 없다. 물론 저마다의 아름다움이 있지만 디자인은 기능적이고 융통성이 있어야 하며 그 과정에서 뭔가가 작동해야 한다. 건축가들의 작품은 완성되는 동안 사용되어야 한다. 엄청나게 멋지게 보이지는 않더라도 모든 요소에 관심과 배려가 있어야 한다."

건축가들이 공동체의 개념을 규정하는 것은 아니지만, 사람이 중심이 되는 절제된 건축은 어쩌면 공동체의 틀을 만들고 그 공동체가 번영하고 진화하도록 만드는 것인지도 모른다. ——

글: 데비카 레이

ST CATHERINE'S COLLEGE

세인트 캐서린 칼리지

Arne Jacobsen

대학 캠퍼스, 옥스퍼드, 영국

1962

세인트 캐서린 칼리지 — 공동체를 위한 디자인이 운영 기관에 의한 디자인을 의미해서는 안 된다. 옥스퍼드 대학 내 대담하고 단호한 세인트 캐서린 칼리지는 학교 건물뿐 아니라 구내식당 커트러리까지도 깊이 배려하는 건축가가 건물을 지었을 때 공동체를 위한 공간을 얼마나 훌륭하게 만들 수 있는지 보여 준다.

1993년, 세인트 캐서린 칼리지는 전쟁 후 영국 건물 중 최초로 1등급 문화유산 보호재로 지정되었다.

세인트 캐서린 칼리지는 옥스퍼드 대학에 속한 것처럼 보이지 않는다. 고상한 건축 양식들의 집합소인 다른 오래된 대학 건물들과 달리 1962년의 양식을 지키고 있다. 덴마크 건축가 아르네 야콥센은 유리와 콘크리트를 이용해 기하학적으로 정확한 낮은 건축물을 지었다. 옥스퍼드 대학이 열망하는 뾰족한 첨탑 대신 꼭대기에는 종탑 모양으로 튀어나온 두 개의 콘크리트 석판이 있다. 긴 잔디밭에는 중세 시대의 후원자들 석상 대신 청동으로 된 작가 바버라 헵워스의 조각상이 있다.

야콥센은 여러 업체와 협업해 이 대학의 커트러리, 조명, 문고리 등을 모두 디자인했다. 프리츠 한센, 조지 젠슨, 크바드라트 등

의 디자인 업체가 실내장식에 생명력을 불어넣는 데 함께했다. 야콥센은 학교 정원의 배치도 건물의 연장선에서 보았는데 그렇게 하려면 대단히 신중한 계획이 필요했다. 심지어 그는 운하처럼 생긴 수로에 넣을 물고기도 직접 선택했다.

세인트 캐서린 칼리지는 1960년대에 지어졌지만 그 기원은 19세기 중엽까지 거슬러 올라간다. 당시 옥스퍼드의 기존 칼리지에 입학할 형편이 되지 않는 가난한 학도들이 일종의 공동체를 만들기 위해 힘을 함께 모았다. 이런 취지에 맞게 야콥센이 지은 캠퍼스는 자족적이면서도 외부인을 환영하는 공동체를 제안한다.

야콥센의 단순한 사무용 의자(왼쪽 사진)의 인기는 줄어들 기미가 보이지 않는다.

"야콥센은 여러 업체와 협업해 이 대학의 커트러리, 조명, 문고리 등을 모두 디자인했다. 야콥센은 학교 정원의 배치도 건물의 연장선에서 보았는데 그렇게 하려면 대단히 신중한 계획이 필요했다. 심지어 그는 운하처럼 생긴 수로에 넣을 물고기도 직접 선택했다."

야콥센은 이 프로젝트의 전체성에 대단히 몰두해서 학교 내 어떤 쓰레기통을 놓을지 결정하는 회의에 자신이 참석하지 못한 것에 몹시 언짢아했다고 한다.

옥스퍼드의 칼리지들은 전통적으로 건물들이 안뜰을 벽처럼 둘러싸고 있어 안뜰이 단절되어 있다. 하지만 세인트 캐서린 칼리지는 다르다. 건물들이 떨어져 있고, 건물과 건물 사이에는 반은 개방적이고 반은 폐쇄적인 녹색 공간이 더 넓은 정원을 향해 열려 있다. 이는 야콥센이 중세 시대의 사각형 배치를 사회적으로 공유되는 공간으로 해석한 결과다.

야콥센은 대학 공동체의 내적 충동과 외적 충동에 대해 그토록 민감하게 고민하고 건물을 설계했음에도 불구하고 정작 자신은 냉소적이고 까다로우며 대중적으로 건축 철학을 드러내기보다는 혼자서 조용히 연구하기를 좋아하는 사람이었다. 1959년, BBC 방송과 모처럼 인터뷰를 했는데, 진행자는 세인트 캐서린 칼리지가 다른 칼리지들의 '꿈의 첨탑들'과 충돌하지는 않는가 하고 물었다. 이에 야콥센은 간결하게 대답했다. "우리는 현대적인 스타일로 첨탑을 만들고자 했습니다." 그러자 진행자가 "꿈은요?" 하고 물었고, 야콥슨이 대답했다. "현대적인 꿈이길 바랍니다." ──

A DAY IN
KHAKI

어 데이 인 카키

Tada Masaharu Atelier

호텔, 교토, 일본

2017

어 데이 인 카키 — 새로운 곳에 처음 발을 디딘 사람들은 따뜻하게 환영받는다는 것이 어떤 의미인지 안다. 어 데이 인 카키 설립자들은 긴 여정을 마친 이들이 찾아가고 싶은 호텔을 만들었다. 창문에서는 햇살이 버터처럼 부드럽고 은은하게 빛난다. 실내에는 가정집처럼 편안한 모습을 추구하는 공동 공간 사이의 안뜰에 그늘이 드리운다.

호텔, 교토, 일본

전통적인 정원의 축소판 같은 느낌의 공간이다.

"픽셀화되어 가는 도시의 사회적 구조에서 점점 희귀해지는 가족생활의
리듬을 반영한다."

리넨 침구류와 면제품을 포함해 객실에 사
용되는 물건들을 직접 생산한다.

1868년까지 일본의 수도였던 교토에는 공손한
예절이 남아 있다. 일본 숙박업소들 중에는 그
런 전통적 의무감에 매여 지나치게 엄격하고
형식적인 곳이 많다. 혹은 사무라이 놀이나 일
본 기생 놀이를 하려고 기웃거리는 서양 관광
객들의 입맛에 맞추려고 한다. 어 데이 인 카
키는 "우리는 교토의 생활 방식을 알고 싶어 하
는 사람들을 위해 디자인되었다. 그저 하루이
틀 묵고 떠나는 관광객들의 취향은 굳이 맞추
려 하지 않는다"라고 말한다.

이곳은 대만에서 이민 온 반 첸과 앤 첸이
운영하는데, 외부인의 관점이 이 집의 미적 특
징을 포착하는 데 도움을 주었다고 말한다. 예
를 들어 길을 가던 교토 주민들에게 "교토의 색

은 무엇입니까?" 하고 물으면 매우 당황할지
도 모른다. 하지만 숙소 이름에서도 알 수 있
듯 외부인인 그들의 눈에 교토의 지배적인 색
은 '카키색'이었다고 한다.

어 데이 인 카키는 1898년에 지어진 건물을
신중하게 리모델링해 마치야 스타일로 개조하
여 2017년 문을 열었다. 마치야는 일본의 전형
적이고 전통적인 상가 주택으로, 보통 앞쪽에
상점이 있고, 길고 좁은 실내 뒤쪽에 생활공간
이 있다. 이런 식의 배치는 픽셀화되어 가는 도
시의 사회적 구조에서 점점 희귀해지는 가족
생활의 리듬을 반영한다. 전통적인 마치야는
실내 정원과 식사 공간, 가족이 함께 생활하는
방들이 몇 개 있다.

245

"금빛이 감도는 양쪽 툇마루에는 2인용 안락의자가 미풍에 부드럽게 흔
들린다."

반 첸과 앤 첸, 두 사람은 교토 여기저기
에서 본 카키색과 조화를 이루는 자재와 장식
을 적용하고, 원래 있던 흙벽을 재설계하기 위
해 교토 현지 인테리어 디자이너이자 다다 마
사하루 아틀리에 대표 엔도 소지로에게 디자
인을 의뢰했다. 제2차 세계대전 당시 미국이
투하한 원자폭탄으로 일본 전역에 있던 수많
은 마치야들이 파괴되었다. 전후에는 반전통
적 건축 미학을 지향하는 흐름의 희생양이 되
기도 했다. "옛 모습을 충실히 보존하는 것이

중요하다고 생각한다." 첸은 말한다.
어 데이 인 카키의 세 객실은 조용한 공동
좌식 공간과 식사 공간을 향해 있다. 이 공간
들은 건강한 가을 밀 혹은 낡은 삼베의 색을 띤
다. 안뜰에는 나무며 바위, 관목, 자갈에 낀 이
끼가 전통적인 구조로 놓여 있다. 금빛이 감도
는 양쪽 툇마루에는 2인용 안락의자가 미풍에
부드럽게 흔들린다. 수 세기 동안 이어진 소박
한 전통이 서까래 사이로 흘러들고, 차 색을 닮
은 커튼이 창문에 드리운다. ──

ILSE

일스 크로포드

CRAWFORD

해리엇 어떻게 존재하지도 않는 지역 공동체 공간을 계획하고 시각화할 수 있죠?

일스 그게 바로 디자인의 매력이에요. 형체가 없는 가치와 개념에 형체를 부여하는 것. 분명한 것은 그저 '어떻게'에서 멈추지 않는다는 점이죠. 우린 '왜'에 더 많은 시간을 할애해요. 이 공간을 누가 어떤 용도로 사용하는지, 어떤 하루를 보내고 얼마의 시간을 보내게 될지 아주 다양한 측면에서 충분히 이해하는 작업부터 시작하지요.

해리엇 공동체와 어떻게 관계를 맺으며 작업할 수 있었나요?

일스 사람들을 처음부터 참여시켜요. 모두가 회의 테이블에 앉을 필요는 없어요. 그러면 목소리가 큰 사람 의견만 반영되죠. 우린 사람들에게 물어보고, 열심히 듣고, 그다음에 이해하죠. 그러고는 의견들을 모아 사람들에게 다시 비전을 제시해요. 그다음 우리의 창의성과 장인 정신으로 이 생각들을 새로운 현실로 정교하게 다듬어 나가죠.

해리엇 프로젝트를 완성하고 다시 찾아갔을 때, 사람들이 사용하는 방식에 놀란 적이 있나요?

일스 우리가 하는 일은 '지적인 틀'을 만드는 거예요. 사용자들에 의해 진화하는 틀이죠. 때론 이런 진화가 아름답고도 놀라워요. 예를 들어 노숙인에게 고급 요리를 대접하는 '영혼을 위한 음식' 프로젝트는 그냥 먹고 가는 행위에 존엄성을 부여하는 것이 목표였죠. 그런데 그곳에 들른 사람들이 서너 시간을 돌아다니기 시작했어요. 그렇게 공동체가 만들어진 거예요. 주민들도 처음엔 경계했지만 그 아름다운 공간을 직접 보고는 자원봉사를 하기도 했어요. 기업들은 그곳에서 기금 마련 행사를 열기도 했지요.

해리엇 그렇다면 야심차게 시작한 공동체 공간들이 아무런 영감도 주지 않는 디자인으로 끝나는 이유는 뭘까요?

일스 예산 문제도 있고, 분열되고 복잡한

Harriet Fitch Little

"우리가 하는 일은 '지적인 틀'을 만드는 거예요. 사용자들에 의해 진화하는 틀이죠. 때론 이런 진화가 아름답고도 놀라워요."

일스 크로포드는 런던에서 경제적 양극화가 가장 심한 첼시에 레페토리오 펠릭스라는 이름의 수프 전용 주방을 디자인했다. 누구나 원하면 가져갈 수 있게 하여 서비스 사용자와 지역 자원봉사자가 더 많은 시간을 보내도록 하였다.

시스템으로 운영하면 성공과 멀어져요. 측정 가능한 실적과 경제 목표 달성에 대한 압박에 시달릴 게 뻔하죠. 그런 시스템은 디자인에 대해서도 비전이 없는 경우가 많아요. 디자인은 고상한 명분이고 돈 낭비에 불과하다는 생각을 하기도 하죠.

해리엇 2차 세계대전 이후, 수많은 유토피아적 건축 프로젝트가 건축으로 사람들을 변화시키고 공동체를 만드는 데 초점을 두었는데요, 그게 정말 가능할까요?

일스 저는 건축이 사람들을 한데 모을 수 있다고 믿습니다. 물질성, 존엄성, 관대함, 따뜻함 같은 것들이 기본이 되어야 해요. 이런 것들이 인간의 아이디어보다 더 지적이지는 않지만 인간적이죠. 궁극적으로 공동체는 사람들을 위해서가 아니라 사람과 함께 만들어야 해요.

해리엇 그 밖에 유토피아적 사고의 한계는 뭐라고 생각하시나요? 가령 사생활에 대한 욕구 같은 문제는요?

일스 사람들을 한데 묶는 공간을 만드는 것도 중요하지만 원할 때는 사람들과 떨어져 있을 수 있는 것도 중요하죠. 흥미롭게도 사회적 공간이 반드시 클 필요는 없어요. 사실 좋은 사회적 공간을 가만히 관찰해 보면 생각보다 작은 공간인 경우가 많아요. 그런 공간에서 친밀감이 더 많이 생기죠.

해리엇 유대감을 느끼는 방식은 아주 많습니다. 물리적인 공간이 정말 중요할까요?

일스 대단히 중요하다고 생각합니다. 특히 디지털 시대에는 더욱 그래요. 가령 미국 금융회사들을 보면, 거의 사용하지 않는 화려한 회의실이 있지요. 우린 그곳을 직원을 위한 사회적 주방으로 완전히 바꾸자고 제안했어요. 새로운 주방 공간은 이제 팀원들이 지식과 정보를 공유하고 서로를 지지해주는 허브가 되었습니다. 아, 그리고 필요할 때면 회의실로도 사용할 수 있도록 만들었지요. ──

ETT HEM

에뜨 헴

Studioilse

호텔, 스톡홀름, 스웨덴

2012

에뜨 헴 — 많은 사람들이 시도하지만, 대부분 실패한다. 진짜 집처럼 편안한 호텔을 만드는 연금술은 레이저처럼 정교하면서도 만져지지 않는 무언가가 필요하다. 스톡홀름의 에뜨 헴은 공동 공간의 중요성, 신중하게 고른 물건들, 편안한 분위기 등으로 이런 연금술을 현실에 구현하는 것이 가능하다는 것을 보여 준다.

스위트룸은 스칸디나비아 스타일의 벽난로와 대리석으로 만든 독립형 욕조가 눈에 띈다.

"우리는 오래된 청사진과 도면들을 보며 거의 모든 것들을 원래대로 되돌려 놓았다. 단순히 집 같은 곳을 만드는 게 아니다. 이곳은 원래 집이었다. 우리는 예전에 쓰인 이야기를 다시 써 나가는 셈이다."

호텔로 사용되기 전엔 공무원들이 살던 집이었다. 호텔로 개조하기 위해 엘리베이터를 설치하고 화재 대피소를 만드는 것은 물론 이전 삶의 모든 흔적들을 다 없애야 했다.

스웨덴어로 '집'을 의미하는 에뜨 헴의 철학은 '내 집 같은 호텔'이다. 수많은 고급 호텔들이 정중한 직원들을 두고 화려한 장식을 하지만 이 호텔은 손님들이 분위기를 만든다. 손님들은 독서를 하고, 난롯가에서 게임을 한다. 누구는 주방에서 요리를 하고, 와인 한 잔을 들고 대화를 나누기도 한다.

이런 행복한 풍경 뒤에는 호텔의 세심한 배려가 있다. 에뜨 헴은 제철 음식을 공동 식탁에 차려 손님들이 함께 즐기게 한다. 디자이너 일스 크로포드를 중심으로 편안하고 유쾌한 분

위기를 시사이했다. 물론 크로포드가 이런 작업을 할 수 있도록 호텔의 기본적인 요소들이 도움이 되었다. 원래도 고풍스러운 붉은 벽돌로 된 건축물과 높은 천장, 짙은 색의 나무와 어두운 색의 나무, 통풍이 잘되는 사적인 공간 등이 잘 갖춰진 곳이었다.

이 건물이 지어진 20세기 초, 스웨덴 디자인과 건축이 부흥하기 시작했다. 전통적인 스웨덴 디자인과 예술, 공예를 혼합한 심미적 디자인 운동이 생겨나면서 스칸디나비아 모더니즘의 토대를 닦았다.

일스 크로포드는 스튜디오 일스의 인테리어 디자이너로, 공감의 디자인 분야에 탁월하다. 디자인 아카데미 아인트호벤에 '인간과 행복' 학과를 만들기도 했다.

"우리는 오래된 청사진과 도면들을 보며 거의 모든 것들을 원래대로 되돌려 놓았다." 에뜨 헴의 설립자 자넷 믹스가 개조 작업을 회상하며 한 말이다. "단순히 집 같은 곳을 만드는 게 아니다. 이곳은 원래 집이었다. 우리는 예전에 쓰인 이야기를 다시 써 나가는 셈이다." 공동 공간인 안뜰, 온실, 주방, 도서관, 거실 등이 모두 하나가 되어 유대감과 사생활의 조화로운 분위기를 낸다.

이곳의 원래 주인들은 집을 각종 물건과 그림, 직물, 가구 등으로 채웠고 스튜디오 일스는 그 방식을 그대로 따랐다. 빈티지와 현대적 장식들이 곳곳에 놓여 있다. 물건들은 모두 색이 깊고 벨벳, 나무, 가죽, 청동 같은 질감이 풍부한 재료들로 되어 있어서 자연광이 풍성하게 쏟아지는 낮이나 일렁이는 난롯불과 은은한 조명이 비추는 밤이나 늘 따스함을 준다. 고급 물건부터 여행 기념품 같은 시시껄렁한 것들까지, 다양한 물건들은 수년 동안 집과 함께 지낸 것처럼 느껴진다. ──

256

스웨덴에서 일어난 예술과 공예 운동은 에뜨 헴에 살았던 이들이 가꿨던 일상적인 것들의 디자인을 소중히 여겼다.

APPENDIX

부록

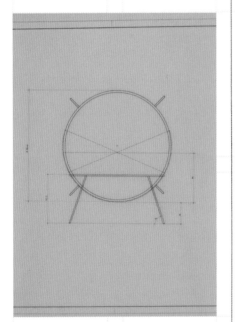

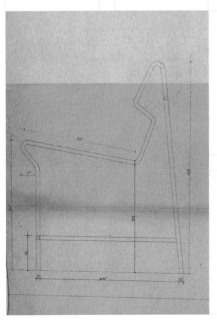

LINA BO BARDI

리나 보 바르디

인간을 자연의 주인이 아닌 자연의 구성 요소로 본 리나 보 바르디의 분류법은 1940년대 당시에는 혁신적이었고, 이로 인해 보 바르디는 건축 업계에서 눈부신 업적을 쌓기 시작했다. 그의 작품은 포괄성, 정의, 평등을 강조하는 사회적 이론뿐 아니라 유기적인 재료와 자국의 전통적인 건축 방식을 모두 드높인다. 약탈적인 정치, 다시 부상하는 민족주의, 절박한 환경 재앙 등이 뒤덮은 현대 사회에서 건축에 대한 보 바르디의 사회적, 문화적 의식은 그 어느 때보다 가치 있다.

신대륙 발견은 유럽의 견고한 사회와 정치적 시스템에서 벗어나 새로 시작할 수 있다는 가능성과 자유를 선사했다. 로마에서 태어난 보 바르디는 1939년 밀라노에서 건축가이자 일러스트레이터, 잡지 편집자로 경력을 쌓기 시작했다. 2차 세계대전 중 자신의 스튜디오가 공중폭격을 당하는 와중에 살아남은 보 바르디는 이탈리아의 정치에 환멸을 느끼고 남편과 함께 브라질로 이주했다.

그는 브라질에서 인간과 자연의 밀접함에 큰 충격을 받았으며, 브라질 전역을 다니면서 그 지역의 장식 예술에 영감을 받았다. 그는 브라질 보석들로 장신구를 만들었고,

훗날 본격적으로 만들게 되는 가구는 브라질의 단단한 토종 나무를 이용했다.

브라질에서 처음으로 공들인 건축은 남편과 살기 위해 1951년에 구상한 글라스 하우스였다. 건축 자재들은 주변 숲이나 건축물과 잘 어우러졌다. 철근 콘크리트 공법으로 압착한 석판 사이에 있는 주요 생활공간은 긴 철재 기둥들이 받치고 있고, 크고 가느다란 야자수와 리아네가 주위를 에워싸고 있다. 이름에서 알 수 있듯 이 집은 커다란 유리가 사방을 감싸고 있어서 안에 있으면 숲에 완전히 파묻힌 느낌을 준다. 유리는 단열재를 거의 사용하지 않아 좋은 의미로든

나쁜 의미로든 숲의 날씨를 생생하게 느낄 수 있다. 40년 넘게 이 집에 살았던 보 바르디와 남편은 늘 벽난로에 불을 지피곤 했다.

글라스 하우스 이후의 보 바르디 작품은 더욱 기념비적이다. 상파울루 미술관에는 브라질 북동 지역의 부족들 그림과 디자인 작품들이 전시되어 있다. 떼아뜨로 오피시나는 2015년 《가디언》 선정 세계 최고의 극장으로 꼽혔다. 보 바르디는 디자인된 공간이 주변 환경의 맥락과 잘 어울리고 경험을 위한 장소여야 한다는 생각을 끝까지 고수했다. ─

가구 ─ 바르디의 가구는 주로 장칼로 팔란티와 공동으로 디자인해 매우 다양한 스타일을 선보이고 있는데, 이 때문에 더 많은 디자이너들이 참여했을 거라는 의견도 있다. 바르디의 의자는 자신의 집에 있던 가구인 가죽과 청동 팔걸이가 달린 의자처럼 매끈한 식탁용 의자부터 네 개의 다리와 줄 몇 가닥으로 만든, 아르테 포베라 스타일의 길거리 의자에 이르기까지 다양하다.

노이트라의 VLD 스튜디오 & 레지던스는 미국 국립 역사기념물로 지정되었다.

RICHARD NEUTRA

리차드 노이트라

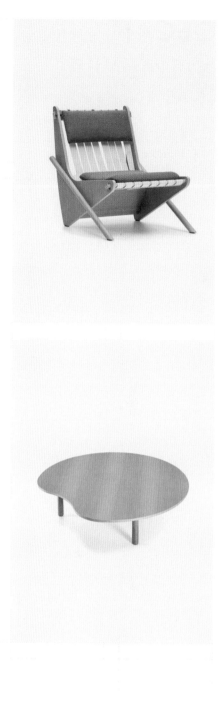

리차드 노이트라는 유명 의사의 의뢰로 LA에 로벨 하우스를 건축했다. 고객의 재력이 반영되어 고층에다 크고, 산 중턱에 캔틸레버 공법으로 지어 LA 전망이 내다보인다. 건축적으로도 획기적인 이 건물은 르코르뷔지에 같은 모더니스트들이 고층 건물에 자주 사용하는, 철근 혼합 공법을 적용했다. 노이트라가 자신과 가족을 위해 설계한 노이트라 하우스는 로벨 하우스의 아이디어들을 가져와 더 작은 규모로, 훨씬 더 적은 예산으로 지었는데, 더 낮은 소득의 사람들을 위한 건축 관련 실험의 장이 되었다.

노이트라는 데저트 모더니즘의 영향을 받아 독특한 스타일을 개척했는데, 화려한 개인적 표현보다는 미국 웨스트코스트에 사는 사람들의 새로운 삶의 방식에 맞췄다. 로벨 하우스와 노이트라 하우스 모두 캘리포니아 남부의 건조하고 온화한 기후를 살려 야외 그늘 공간을 만들었다. 나뭇조각들로 만든 벽은 통풍이 잘되게 하고, 높이 설치한 유리 패널들은 자연광을 풍부하게 들이고 탁 트인 개방감을 준다.

가족의 거주지를 만들 때 노이트라는 건축가로서 정점에 있지 않았고, 1932년 대공황이 절정에 달했다. 그는 1만 달러 남짓한 예산과 당시 인기가 없었던 실버레이크 근처 조그만 땅만 있었다. 훗날 노이트라는 "고밀도 디자인도 인간적인 방식으로 성공시킬 수 있으며, 새 집을 구체적인 시범 프로젝트라고 생각한다. 사람들이 가까이 모여 살면서도 사생활이라는 귀중한 가치를 누리며 만족스럽게 거주할 수 있다는 것을 증명해 보이고 싶었다"라고 말했다.

재미라는 요소도 놓치지 않았다. 옥상에 사각형의 연못을 만들었는데 특히 해가 질 때 아름다운 풍경을 자아낸다. 연못에는 실버레이크 저수지 너머의 풍광이 미니어처처럼 담긴다.

이후 노이트라는 캘리포니아 남부에 데저트 모더니즘 양식의 건축물 수십 채를 더 지었다. 사막 너머에는 그와 비슷한 양식의 건축물이 생겨났고, 이는 모더니즘과 캘리포니아 드림을 상징하게 되었다. 물론 노이트라가 의도했던 것은 아니다. 하지만 노이트라는 그런 역설적인 상황에 매우 고마워했다고 한다. 어쩌면 그는 사막의 집들이 눈으로 덮인 풍경을 무척 마음에 들어 했는지도 모른다. ──

가구 ── 전면이 유리로 된 집은 실내 공간이 외부에 고스란히 드러나기 때문에 건축주의 예산에 맞는 완벽한 디자인의 가구를 배치하는 것이 중요한 과제였다. 노이트라는 직접 개인 맞춤 가구나 한정품을 만들었다. 가구 제조업체 VS는 2012년 노이트라 가구에 대한 라이센스를 취득했는데, 여기서 재생산된 가구 중에는 노이트라의 노트에 스케치로만 존재했던 의자도 있다.

263

OSCAR NIEMEYER

오스카르 니에메예르

오스카르 니에메예르는 여성적인 형태에 대한 선입견으로 유명하다. 그의 글과 건축에서는 고향인 리우데자네이루 해변에서 '햇볕에 그을린 여자들'에 대한 동경과 여성의 굴곡진 몸의 특징이 나타난다. 나이가 들었을 때도 엄격하고 진지한 서구 매체에 짓궂은 장난을 많이 쳤는데, 기자가 건축물에 대한 설명을 요구하자 기자 수첩에 젖가슴과 엉덩이를 그려 넣은 것은 유명한 에피소드다.

반면 그의 80년 경력에서 현저하게 두드러지는 것은 빛과 무게에 대한 성찰이다. 빛과 무게에 대한 그의 상상력과 독특한 작업은 태양에 표백한 듯 하얀 콘크리트로 표현된다. 높게 그린 아치와 우주여행에서 영감을 받은 미래적인 구조, 그리고 금방이라도 쓰러질 듯 호리호리한 모습으로 구조물을 떠받치는 기둥들은 모두 흰 콘크리트로 되어 있다.

그가 가장 좋아하는 자신의 건축물은 이탈리아 몬다도리 출판사 건물이다. 출판업자인 조르조 몬다도리는 브라질 외교부 건물로 지은 이타마라티 궁전과 똑같이 지어 달라고 부탁했다. 그 궁전은 흰 콘크리트로 둥글린 벽면과 획일적인 아치 형태의 장식

스케치 — 경직된 형태보다는 부드러운 곡선을 좋아했던 니에메예르는 손 가는 대로 자유롭게 스케치하는 것을 좋아했다. 대부분 건물의 윤곽만을 대략적으로 표현하거나 여성의 몸에서 영감을 받아 형상화한 그림들이어서 건축적으로는 쓸모가 없지만 그의 개인적 발전에는 대단히 중요한 역할을 했다. 그는 죽기 직전 한 인터뷰에서 "드로잉이 나를 건축으로 이끈 것 같다"라고 말했다.

들이 건물 풍광이 반영된 연못 위에 늘어서 있다. 니에메예르는 그 궁전의 정서를 반영하여 건물을 지었는데, 궁전과 닮았지만 왜곡되어 보이는 거울로 궁전을 비춘 듯한 모습이다. 흰 콘크리트를 사용한 점도 같고, 주위 풍경을 반영하는 연못과 긴 아치들이 사각형의 평평한 지붕으로 이어진다는 점은 같다. 하지만 아치의 폭이 궁전처럼 일정하지 않고 무작위로 만든 듯 모두 달라서 마치 아코디언의 옆면 같다. 니에메예르는 정적인 분위기를 '음악적 리듬감'으로 변화시키는 것이 목표였다고 말했다. 흰색 콘크리트로 된, 회화적인 느낌을 물씬 풍기는 세 개의 계단은 지상에 붕 떠 있는 듯 보인다. 연못에 반사된 아치들은 본래보다 길게 늘어진, 왜곡된 형태다. 이런 비대칭성의 건축 정신은 오늘날까지도 인정받고 있다.

이탈리아의 패션 업체 에르메네질도 제냐는 2019년 봄 시즌 남성복 컬렉션을 이곳에서 선보였는데, 흰색 콘크리트로 된 감각적인 곡선 계단을 배경으로 모델들이 입고 있는 보석 달린 옷과 젠더 중립적인 의상은 완벽하게 그리고 자연스럽게 니에메예르처럼 보였다. ——

니에메예르는 몬다도리 건축물을 사람들의 기억에 남을 만한 '건축 광고'라 불렀다.

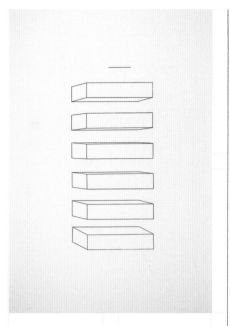

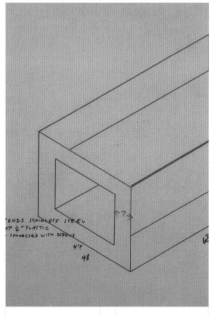

도서관 — 저드는 텍사스의 마파 프로젝트에 거의 전 재산을 투자했다. 그는 항공기 격납고 두 곳과 기갑부대 기지로 사용되던 토지, 은행 등 거대한 토지를 매입하여 도서관을 지었다. 40개의 언어로 된 13,000권의 책들과 576개의 책장이 있으며, 저드가 여행지에서 구입한 책들도 가득하다. 도서관의 소장 목록을 직접 작성한 데서 엿볼 수 있듯 그는 자신의 작품을 보여 주는 방식에서 대단히 까다로웠다.

DONALD JUDD

도널드 저드

도널드 저드는 1960년대 뉴욕에서 화가이자 조각가로서 자리 잡았다. 댄 플래빈이나 앤디 워홀 등 추상주의 표현을 무너뜨리고 수십 년 동안 이어질 예술의 기틀을 닦은 거장들과 어깨를 나란히 하였다. 그는 이 표현을 싫어하긴 했지만, 새로운 장르인 미니멀리즘에도 영향을 미쳤다.

저드가 그림에서 가구 디자인의 영역으로 들어간 것은 개인적인 이유에서였다. 1970년대 초, 맨해튼에 5층짜리 건물을 한 채 구입하면서 들여놓을 가구가 필요했는데 예산이 부족했던 것이다. 이후에도 그는 부

동산, 가족 등 개인적인 이유로 가구를 디자인했다.

저드는 예술과 가구 디자인을 차별화했다. 그에게 예술은 삶의 토대이자 신체적으로 푹 빠져 몰입하는 경험이었다. "예술의 구성과 규모는 가구와 건축으로 바뀔 수 없다. 가구나 건축은 반드시 기능적이어야 하지만 예술은 다르다. 예술은 그 자체로 존재하고 의자는 의자 자체로 존재한다"라는 것이 그의 말이다.

저드에게는 규모가 중요한 문제였다. 마파처럼 지평선까지 펼쳐진 평평하고 텅 빈

사막 풍경은 강철과 유리들이 수직으로 배치된 뉴욕의 풍경과는 사뭇 달랐다. 창작 활동만 하는 데 답답함을 느낀 저드는 1970년대 초부터, 마파에 부동산을 사들였다. 디아 미술 재단의 도움을 받아 미국 정부로부터 이전의 군사시설 부지를 매입해 용도 변경을 했다. 그의 마파 프로젝트는 사막의 빛과 리듬뿐 아니라 미국 서부의 감각적인 가능성들이 반영되어 대담하고 광대하다. 그는 다양한 꽃들과 온갖 들짐승들로 가득한 사막 풍경의 일부가 되도록 야외에 거대한 작품을 만들었다. 길이가 최소 10미터 정도

되는 거대한 콘크리트 사각형 틀들을 배치한 작품이 유명한데, 일렬로 늘어선 구조물들에 빛과 그림자가 서로 어우러져 아코디언 효과를 낸다.

후기 작품 활동에서는 자연과 인공의 경계를 즐겨 넘나들었는데, 특히 빛을 많이 다루었다. 뚜껑 없는 구리 상자 바닥에서 은은하게 흘러나오는 빛이 단순히 구리가 반사되어 나는 빛인지 아닌지, 그 경계가 미묘하게 표현되었다. 저드의 다른 작품들과 마찬가지로 그의 깊은 생각과 신중한 계획이 감각적으로 완벽하게 표현되었다. ──

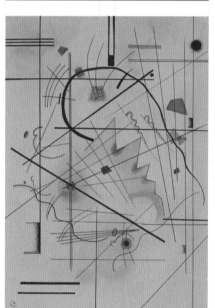

WASSILY KANDINSKY

바실리 칸딘스키

색채 이론 — 칸딘스키의 가장 유명한 작품 중에는 완성된 그림이 아닌, 색채를 실험하기 위한 연구 작업도 있다. 그는 다양한 색이 주는 감정과 각 색에 어울리는 형태도 연구했다. 가령 원은 흐린 톤과 가장 잘 어울리고, 사각형은 눈길을 사로잡는 빨간색이 잘 어울린다. 색채 이론에 쏟은 크나큰 관심과 열정을 생각해 볼 때, 칸딘스키가 오늘날 여러 국립미술관에 자신의 이런 탐구 정신이 걸려 있는 것을 보면 내심 행복해할지도 모른다.

계몽주의 철학, 산업혁명, 세계대전 등 많은 요소들이 현대미술에 영향을 미쳤다. 하지만 러시아의 변호사였던 칸딘스키가 '공감각'이라 불리는 드문 신경학적 상태를 경험하지 않았더라면, 1896년 모스크바 볼쇼이 극장에서 바그너의 오페라 〈로엔그린〉을 보지 않았더라면, 이후 100년간 미적 문화는 완전히 달라졌을 것이다.

'공감각' 혹은 '감각의 통합'이라 불리는 이 현상은 하나의 감각이 다른 감각의 반응을 유발하는 것을 뜻한다. 칸딘스키는 소리를 들을 때 색이 보이는 공감각적 현상, 시각적 환각을 경험한 것이다. 〈로엔그린〉에 대해 그는 이렇게 말한다. "나는 눈으로 보기 전에 영혼으로 모든 색들을 보았다. 거칠고 거의 미친 듯 보이는 선들이 바로 내 눈앞에 그려졌다."

색에 대한 유쾌하고 상호적인 접근은 초기 작품에도 뚜렷하게 드러난다. 초기 회화들은 건물이나 들판, 말을 타는 사람 등과 같이 식별할 수 있는 요소들을 그렸지만 색은 실제보다 훨씬 더 대담하게 표현했는데 이는 러시아 민속예술의 영향을 받은 것이라고 한다.

서른이란 늦은 나이에 변호사를 그만두고 그림을 시작한 칸딘스키는 음악 고유의 추상적인 본질에 영감을 받아 회화에 추상적인 접근을 하는 선구자가 되었다. 그의 작품은 예술 작품을 감상하는 이들에게 고정된 작품 해석의 속박에서 벗어나게 했다는 점에서 혁명이었다. 그의 그림에는 대상을 인식할 수 없거나 주제가 없으며 주로 기하학적인 선과 다채로운 색, 중첩된 선과 점들로 묘사되어 있다.

칸딘스키는 작품을 감상하는 사람이 색을 보는 것은 두 가지 효과를 유발한다고 했다. 첫 번째는 물리적인 효과다. 맛있는 것을 먹을 때와 마찬가지로 눈에 즐거움을 주는 것. 하지만 물리적 효과보다 더 오래 지속되는 것은 색의 심리적 효과다. 그는 "색은 그에 상응하는 영혼의 떨림을 불러일으키며, 원천적인 물리적 감동의 중요성도 이 영혼의 떨림을 향해 나아가는 단계일 뿐이다"라고 말한다. 칸딘스키는 이런 현상이 이원론에서 비롯된다고 보았다. 그에게 노란색과 파란색은 반대색인데, 따뜻함과 차가움, 인간과 신, 접근과 후퇴 등의 대립적 양상을 나타낸다.

하지만 어떤 음악이 주어졌을 때 어떤 색이 보이는가에 관해서는 의견이 다르다. (작곡가 프란츠 리스트와 림스키코르사코프는 특정 음의 색을 두고 심한 의견 대립이 있었다 한다.) 칸딘스키도 이 점을 강조했다. 작품을 해석하기 위해 어떤 전문적인 지식도 필요하지 않다는 것이다. ──

칸딘스키의 작품에는 '작곡Compositions'이나 '즉흥Improvisations' 등 소리와 음악을 암시하는 제목이 많다.

ISAMU
NOGUCHI

이사무 노구치

조각가 겸 조경가 이사무 노구치는 1904년 일본인 아버지와 미국인 어머니 사이에서 태어났다. LA에서 태어난 이후 머리를 다듬 듯 자주 이사를 다니고 낭만적인 연애를 하고 예술 활동을 했다. 이런 정처 없는 삶이 그에게는 긍정적으로 작용했고, 그는 회고록에서 "소속에 대한 갈망이 창의력의 원천이었다"라고 밝혔다. 이런 갈망으로 노구치는 인간의 몸에 매료되었다. 인간의 신체와 대상이 어떻게 연결되어 있는지, 그리고 자연 세계와는 어떻게 연결되어 있는지가 그의 탐구 대상이었다.

뉴욕의 유명인의 흉상을 만들며 조각가로 성공한 노구치는 이 성공에 힘입어 제품 디자인 분야에 관심을 갖게 되었다. 그의 작품들은 실용성과 미학이 교차하는 지점에 놓여 있다. 질감이 살아 있도록 디자인된 조각뿐 아니라 일상의 고단함을 보여 주는 조각들도 있다. 1937년, 그는 세계 최초로 '라디오 간호사'라는 이름의 아기 감시용 모니터를 만들어 특허를 받았다. 1939년에 만든 커피 테이블은 허먼 밀러에 의해 대량생산되었다. 1951년의 아카리 조명은 수백 년 된 일본의 전통 종이로 만든 전기 조명으로 미드센추리 모던 디자인의 상징이며, 오늘날에도 생산되고 있다.

램프 디자인 — 납작한 상자 형태가 인테리어에서 가장 기본적인 디자인이 되기 오래전부터 이사무 노구치는 작고 가볍고 우아한 디자인의 램프 디자인에 앞장섰다. 그의 작품은 오늘날까지도 팔리고 있다. 대나무와 일본 전통 종이로 만든 아카리(빛) 램프는 어부들이 밤에 어업을 할 때 사용하는 조명에서 영감을 받았으며, 그가 평생에 걸쳐 시도할 정도로 대단히 풍부한 표현 수단이 되었다.

몸을 유대의 매개체로 보았던 그의 관점은 20세기 무용의 거장들을 위한 무대 디자인으로 이어졌다. 그가 무대 디자인을 해 준 무용가 중에는 마사 그레이엄이 있는데, 이 둘은 30년 동안 생산적이면서도 폭풍 같은 관계를 유지했다. 두 사람은 무대 디자인을 단지 동작을 아름답게 해 주는 배경이 아니라 무용가들이 스텝을 밟고, 팔다리를 쭉 펴고, 몸을 당기고, 위로 아래로 움직이면서 물리적이고 직접적인 관계를 맺는 대상으로 여겼다. 노구치는 자서전에서 그레이엄이 자신의 무대 디자인을 '자기 신체의 연장'으로 사용했다고 기록했는데, 이는 상당한 칭찬이었다.

늦은 중년에는 조경사와 설치미술가로서 활동을 시작했다. 그는 몸으로 경험하는 사람들을 위해 거대한 조각을 디자인했다. 사람들은 우선 정원을 보고, 식물들의 냄새를 맡고, 물소리를 듣고, 조각상이 있는 곳으로 걸어가서 조각상 꼭대기를 보려고 목을 길게 늘인다. 이러한 경험은 성인들에게만 해당되는 것이 아니다. 노구치는 놀이터도 디자인했다. 그는 이러한 놀이터들을 '형태와 기능의 입문서, 즉 단순하고 신비로우며 상상력을 자극하는 교육적인 공간'이라고 생각했다. —

20세기 내내 노구치는 그가 말했던 '공간 조각'의 거장이 되었다.

팔라스마는 저서 《생각하는 손The Thinking Hand》에서 다양한 감각의 사례를 보여 준다.

JUHANI
PALLASMAA

유하니 팔라스마

유하니 팔라스마가 쓴《건축과 감각》의 원제는 '피부의 눈'이다. 제목만 보면 소름이 돋지만 그게 핵심이다. 그는 이 책을 통해 사람들에게 감각을 일깨우고 건축과 공간을 더 느리고, 덜 지적이며, 더 맥락화된 방식으로 경험할 수 있는 영감을 주고자 했다.

팔라스마에게 건축은 단순히 건물을 짓는 것이 아니다. 인류와 온전히 연결되는 하나의 방식이다. 특히 주택은 단순히 보기 위한 것이 아니라 경험하는 것이다. 팔라스마는 "집은 시각적인 요소가 아니라 요리, 식사, 가족 간의 대화나 모임, 독서, 저장, 수면, 친교 등과 같은 개별적인 활동들에 의해 구성된다"라고 말한다. 그림이나 음악과 달리 기능적인 요소를 갖춘 예술품인 것이다.

그러므로 건축물은 사람들이 어떻게 경험하는지, 얼마나 생산적이고 즐거운 거주지가 되는지를 기준으로 평가해야 한다. 니에메예르는 "형태가 아름다움을 창조할 때, 그것은 기능적이다"라고 말하지만 팔라스마는 이러한 접근 방식을 두고 "시각의 헤게모니"라고 말한다. 큰 건축물은 늘 시각적으로 화려하고, 극적이며, 인상적으로 디자인되곤 했다. 이와 대조적으로 토착 문화를 기반으로 하는 건축과 동물들의 보금자리는 거주자에게 가장 생산적인 공간으로 발전해 왔는데, 팔라스마는 이 점을 강조하는 것이다.

저술 활동 — 다작 작가인 팔라스마는 어떨 때는 한 해에 여러 권의 책을 내기도 한다. 그는 글을 쓸 때도 디자인과 동일한 접근 방식을 취한다고 말한다. 다방면에서 유기적으로 성장해 나아갈 아이디어를 떠올리되, 다양한 곡선과 비선형적 특징을 유지한다. 그는 건축가가 건축물을 지을 때 이런 특징들을 반드시 우선순위에 두어야 한다고 믿는다.

팔라스마는 눈으로만 건축물을 경험하면 우리 자신과 구조물 사이에 거리감이 생기며 공연히 그 구조물을 예술 작품으로 승격시킨다고 경고한다. 시각 외 다른 감각으로 공간을 경험하면 덜 지적이지만 더 진정성 있는 방식으로 공간과 관계를 맺게 된다. 구조물을 만지거나, 소리를 듣거나, 심지어 냄새를 맡고, 바람이나 비와 상호작용을 하면서 촉각적 유대감이 형성된다. 이런 식으로 건축물은 예술이기를 멈추고 우리 일상이 흘러가는 방식의 일부가 된다.

그는《건축과 감각》을 통해 "시각을 포함한 모든 감각은 촉각의 연장이다. 우리와 세계의 접촉은 우리를 둘러싼 피부조직 막에서 분화된 부분을 통해 자아의 경계선에서 일어난다. 나아가 오직 시각에만 연연하는 태도에서 의도적으로 벗어나야 시각 위주의 사고에서 해방될 수 있다"라고 주장한다.

팔라스마는 초세계화 시대, 소비 지상주의 사회에서 더 조그맣게 사고하라고 말한다. 그는 보다 조용한 형태의 예술에서, 문화를 기르기 위한 건축물에서, 권력의 주변부에 존재하는 것들에서 가치를 본다. 팔라스마는 건축의 궁극적 과제를 '일상생활을 고상하게 만드는 것'으로 꼽는다. 어쩌면 이것은 예술의 정의로도 더없이 좋은 말일 것이다. ──

273

LIGHT
빛

Douglas & Bec
더글라스 & 벡

아치형 벽램프 — 아치 모양의 황동색 벽 조명에 달린 반투명의 흰색 오팔 패널에서 은은한 빛이 선 모양으로 퍼져 나온다. 뉴질랜드의 더글라스 & 벡 디자인은 시적이고, 1차원적이고, 촉각적인 형태와 대조를 이루는 자연스러운 수공예 재료에 주력한다.

제품: 아치형 벽램프
디자이너: 더글라스 스넬링 & 레베카 도위
브랜드: 더글라스 & 벡

A1

A2

Gino Sarfatti
지노 사르파티

모델 2065 — 1950년에 디자인된 천장에 매다는 형태의 이 타원형 조명은 지노 사르파티의 작품이다. 단순성과 무중력이 느껴지는 모양으로 오랫동안 널리 사랑받고 있다. 에이스텝에서 다시 선보인 모델에는 검은색 전등갓 버전도 있다.

제품: 모델 2065
디자이너: 지노 사르파티
브랜드: 에이스텝

피아니 — 프랑스 형제 로낭과 에르완 부홀렉이 2011년 이탈리아의 조명 업체 플로스를 위해 디자인한 작품이다. 매끄럽게 연마한 알루미늄 재질의 테이블 램프는 검정색, 흰색, 빨간색, 짙은 녹색이 있으며 작은 소품들을 두는 공간이 있다.

제품: 피아니
디자이너: 로낭 & 에르완 부홀렉
브랜드: 플로스

Bouroullec
부홀렉

A3

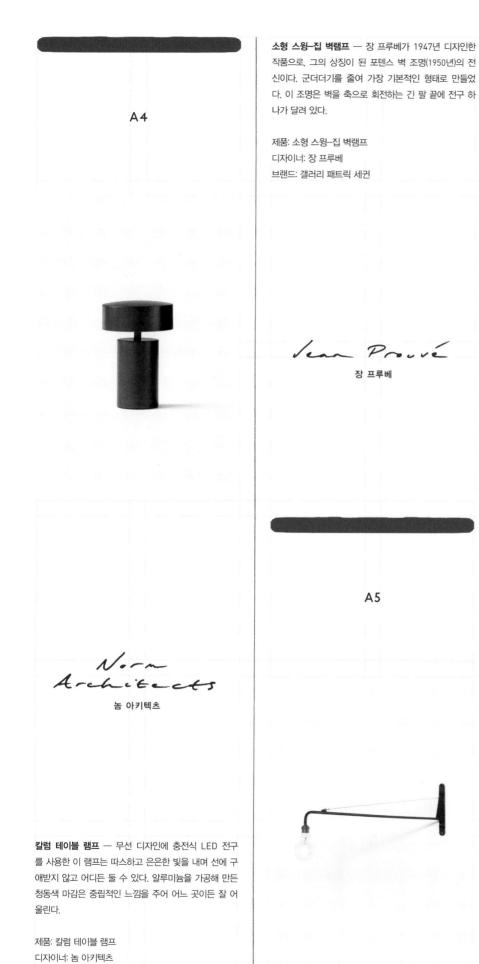

소형 스윙–집 벽램프 — 장 프루베가 1947년 디자인한 작품으로, 그의 상징이 된 포텐스 벽 조명(1950년)의 전신이다. 군더더기를 줄여 가장 기본적인 형태로 만들었다. 이 조명은 벽을 축으로 회전하는 긴 팔 끝에 전구 하나가 달려 있다.

제품: 소형 스윙–집 벽램프
디자이너: 장 프루베
브랜드: 갤러리 패트릭 세귄

Jean Prouvé

장 프루베

플로어 램프 — 세 개의 팔이 달린 빈티지한 황동 램프. 이탈리아의 조명 브랜드 아레돌루체가 디자인한 미드센추리 트리엔날레 플로어 조명을 연상시킨다. 조절 가능한 팔에는 각각 빨간색, 녹색, 노란색의 전등갓이 씌워져 있다.

제품: 플로어 램프
디자이너: 미상
브랜드: 파모노

Norm Architects

놈 아키텍츠

Antique

앤티크

칼럼 테이블 램프 — 무선 디자인에 충전식 LED 전구를 사용한 이 램프는 따스하고 은은한 빛을 내며 선에 구애받지 않고 어디든 둘 수 있다. 알루미늄을 가공해 만든 청동색 마감은 중립적인 느낌을 주어 어느 곳이든 잘 어울린다.

제품: 칼럼 테이블 램프
디자이너: 놈 아키텍츠
브랜드: 메뉴

A7

퍼드부아 — 파리의 잡화상 딥디크가 내놓은 클래식한 퍼드부아 캔들은 실내와 실외에서 모두 사용 가능하다. 홀더는 도자기 전문 업체인 비르방과 협업해서 만들었으며 다섯 개의 나무 심지는 장작불이 탈 때 나는 소리를 연출한다.

제품: 퍼드부아
브랜드: 딥디크

Diptyque

딥디크

벤투스 펜던트 폼 2 — 덴마크의 디자인 기업 인클루디드 미들은 프라마와 협업해 조명 시리즈를 내놓았다. 황동과 실리콘 줄로 구성된 이 펜던트 조명은 굽혀지는 것이 특징이며 무게감 있는 황동 실린더의 위치를 조절해 수평으로도 사용할 수 있다.

제품: 벤투스 펜던트 폼 2
디자이너: 인클루디드 미들
브랜드 프라마

A8

Vico Magistretti

비코 마지스트레티

Included Middle

인클루디드 미들

아톨로 메탈 — 1977년에 디자인된 이 조명은 이탈리아 최고의 디자인상인 '황금 콤파스상'을 수상하면서 뉴욕 현대미술관과 밀라노 트리엔날레에 영구 소장되었다. 원통과 원뿔, 반구 등이 기하학적인 조화를 이루며, 다양한 색깔로 제작 가능하다.

제품: 아톨로 메탈
디자이너: 비코 마지스트레티
브랜드: 올루체

A9

클리프 플로어 — 램버트 & 필스의 설립자 사무엘 램버트는 아버지가 운영하던 도자기 공방에서 보조로 일하며 조명 조각품을 만드는 경력을 쌓았다. 사마귀를 닮은 클리프 플로어 조명은 황동 몸체에 알루미늄 분말로 코팅해 만들었다.

제품: 클리프 플로어
디자이너: 램버트 & 필스
브랜드: 램버트 & 필스

램버트 & 필스

A11

매드에렌

나코틱 튜베로즈 캔들 — 프랑스의 그라스 근처에 있는 작은 마을에서 매드에렌 캔들에 사용되는 천연 왁스를 만든다. 이를 증류한 에센셜 오일과 섞은 후 지역 대장간에서 수공으로 만든 철제 통에 부어 캔들을 완성한다.

제품: 나코틱 튜베로즈 캔들
브랜드: 매드에렌

A10

엘리사 오시노

우라노 — 흰색 카라라산 대리석을 잘라 만든 우라노 램프는 차분한 구 형태의 조각이 은은하고 낭만적인 빛을 감싼다. 사진 속 램프는 테이블 위에 올려 두는 용도로 디자인되었지만 더 큰 우라노 램프는 플로어 램프로도 사용할 수 있다.

제품: 우라노
디자인: 엘리사 오시노
브랜드: 살바토리

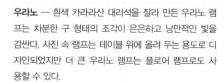

A12

COLOR

색

HAY

헤이

박스 박스 — 작업 공간을 정돈하고 작은 물건들을 수납하기에 좋은 헤이의 견고한 상자 시리즈는 4가지 색이 있고, 크기는 다양하게 구성되어 있다. 서로 쌓을 수 있게 디자인되었으며, 각 상자마다 크기와 색에 맞는 뚜껑이 있다.

제품: 박스 박스
브랜드: 헤이

B1

B2

Gino Sarfatti

지노 사르파티

모델 548 — 1951년 작품으로 환상과 균형미를 강조한다. 위를 향한 빛은 위에 있는 판에 빛이 반사되어 다시 확산된다. 매끄럽게 광택을 내거나 붓질 자국이 난 황동색 빨대 모양의 얇은 기둥이 밑에 있는 작은 황동 막대기와 균형을 이룬다. 오렌지색, 파란색, 흰색이 있다.

제품: 모델 548
디자이너: 지노 사르파티
브랜드: 에이스텝

스탠다드 체어 — 장 프루베의 상징이 된 소박한 의자. 등받이를 나무로, 앉는 부분을 분말 코팅하여 디자인을 바꿀 수 있다. 호두나무나 오크나무 좌석에 검은색, 초콜릿색, 커피색, 빨간색, 크림색 다리를 매치할 수도 있다.

제품: 스탠다드 체어
디자이너: 장 프루베
브랜드: 비트라

Jean Prouvé

장 프루베

B3

B4

PH 5 — 덴마크의 디자이너 폴 헤닝센은 루이스 폴센과 공동 작업으로 디자인한 제품들이 잇따라 성공하면서 1958년, PH5 펜던트 램프를 만들었다. 내부의 빨간색 원뿔 갓에서 나온 따뜻한 분위기의 불빛은 작은 파란색 반사판에 부딪힌 뒤 아래로 확산된다.

제품: PH 5
디자이너: 폴 헤닝센
브랜드: 루이스 폴센

폴 헤닝센

하버 체어 — 놈 아키텍츠가 코펜하겐에 있는 디자인 업체 메뉴 스페이스의 사무실, 쇼룸, 카페, 공동 업무 공간, 행사 공간 등을 위해 만든 의자다. 기하학적인 선과 유기적인 모양의 균형 덕분에 우아함과 편안함을 동시에 주어 어느 곳에서든 사용하기 좋다.

제품: 하버 체어
디자이너: 놈 아키텍츠
브랜드: 메뉴

B5

Charlotte
Perriand

샬로트 페리앙

Norm
Architects

놈 아키텍츠

옷장 — 샬로트 페리앙이 르코르뷔지에, 피에르 잔느레와 함께 디자인한 가구들은 거의 100년 가까이 되도록 꾸준히 생산되고 있다. 사진에 보이는 옷장은 원래 프랑스의 대학교 기숙사에 거주하는 학생들을 위한 옷장으로 디자인되었다.

제품: 옷장
디자이너: 샬로트 페리앙
브랜드: 갤러리 패트릭 세권

B6

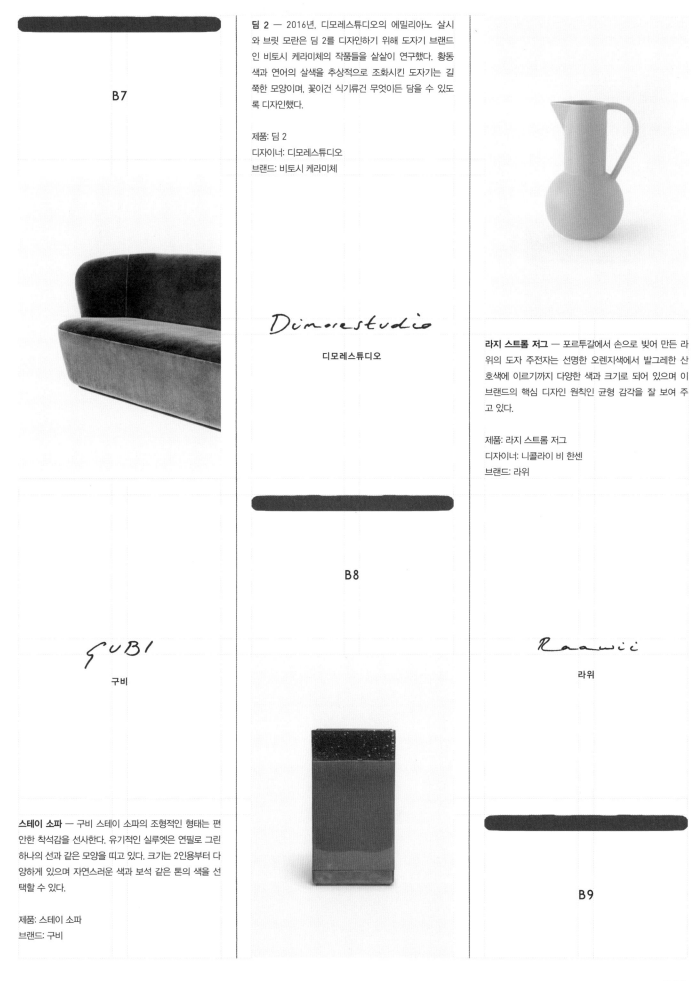

B7

딤 2 — 2016년, 디모레스튜디오의 에밀리아노 살시와 브릿 모란은 딤 2를 디자인하기 위해 도자기 브랜드인 비토시 케라미체의 작품들을 샅샅이 연구했다. 황동색과 연어의 살색을 추상적으로 조화시킨 도자기는 길쭉한 모양이며, 꽃이건 식기류건 무엇이든 담을 수 있도록 디자인했다.

제품: 딤 2
디자이너: 디모레스튜디오
브랜드: 비토시 케라미체

Dimorestudio

디모레스튜디오

라지 스트롬 저그 — 포르투갈에서 손으로 빚어 만든 라위의 도자 주전자는 선명한 오렌지색에서 발그레한 산호색에 이르기까지 다양한 색과 크기로 되어 있으며 이 브랜드의 핵심 디자인 원칙인 균형 감각을 잘 보여 주고 있다.

제품: 라지 스트롬 저그
디자이너: 니콜라이 비 한센
브랜드: 라위

B8

GUBI

구비

Raawii

라위

스테이 소파 — 구비 스테이 소파의 조형적인 형태는 편안한 착석감을 선사한다. 유기적인 실루엣은 연필로 그린 하나의 선과 같은 모양을 띠고 있다. 크기는 2인용부터 다양하게 있으며 자연스러운 색과 보석 같은 톤의 색을 선택할 수 있다.

제품: 스테이 소파
브랜드: 구비

B9

토레이 — 독일의 현대 산업디자인 스튜디오인 뉴텐던시에서 나온 토레이 쟁반은 납작한 초박형 철제로 되어 있다. 손으로 직접 정밀하게 용접하고 매트한 분말 코팅을 해 어둡고 짙은 색이나 모래색, 오렌지색 등을 자연스럽게 표현한다.

제품: 토레이
브랜드: 뉴텐던시

New Tendency

뉴텐던시

B10

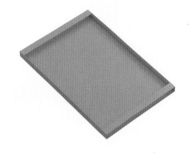

B11

Bouroullec

부훌렉

팔리사드 암체어 — 팔리사드 암체어는 프랑스 디자이너 로낭과 에르완 부훌렉이 헤이를 위해 디자인한 야외용 가구 중 하나다. 팔리사드 컬렉션에는 스툴, 벤치, 의자, 테이블 등이 있으며 색은 올리브색, 먹색, 청회색 등이 있다.

제품: 팔리사드 암체어
디자이너: 로낭 & 에르완 부훌렉
브랜드: 헤이

Space Copenhagen

스페이스 코펜하겐

로퍼 SC23 — 스페이스 코펜하겐의 공동 설립자 빈즐레브 헨릭슨과 피터 분고르 룻조우는 건축가 아르네 야콥센이 설계한 로열 코펜하겐 호텔의 로비 개보수 작업을 위해 로퍼 암체어를 디자인했다. 디자인의 목표는 공동 공간에 친밀감을 주는 것이었다.

제품: 로퍼 SC23
디자이너: 스페이스 코펜하겐
브랜드: &트레디션

B12

MATERIAL

물질성

Norm Architects

놈 아키텍츠

코 라운지체어 — 베니어 합판을 압축해 만든 팔걸이와 부드러운 곡선 형태, 등받이를 갖춘 코 라운지체어는 몸을 편안하게 감싸는 각도로 설계되었다. 놈 아키텍츠가 엘스 반 후레비크와 협업해 만든 이 의자는 덴마크의 클래식하면서도 모던한 디자인에서 영감을 받았다.

제품: 코 라운지체어
디자이너: 놈 아키텍츠 & 엘스 반 후레비크
브랜드: 메뉴

퓨어 뉴 울 플레이드 — 코펜하겐에 있는 테클라 패브릭에서 디자인한 울 100퍼센트의 격자무늬 직물이다. 손바느질로 마무리한 담요는 스웨덴 고틀란드산 순수한 울을 화학 처리를 하지 않고 사용해 부드러우면서도 질기다.

제품: 퓨어 뉴 울 플레이드
브랜드: 테클라 패브릭

Tekla Fabrics

테클라 패브릭

Elisa Ossino

엘리사 오시노

오마주 모란디 — 조르조 모란디의 소박하고 간결한 형식의 정물화에서 영감 받은 디자이너 엘리사 오시노가 이탈리아의 가장 상징적인 건축물에서 볼 수 있는 다양한 종류의 대리석을 사용해 만들었다.

제품: 오마주 모란디
디자이너: 엘리사 오시노
브랜드: 살바토리

바켄잔 스툴 — 1996년 E15 설립자이자 건축가인 필립 마인저가 디자인했다. 앉으면 스툴로, 위에 물건을 두면 탁자로 활용할 수 있다. 두 가지 디자인 모두 죽은 나무의 중심부를 살려서 만들어야 하는데 유럽산 오크나 호두나무에 기름칠을 해서 만든다.

제품: 바켄잔 스툴
디자이너: 필립 마인저
브랜드: E15

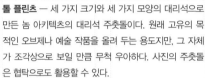

톨 플린츠 — 세 가지 크기와 세 가지 모양의 대리석으로 만든 놈 아키텍츠의 대리석 주춧돌이다. 원래 고유의 목적인 오브제나 예술 작품을 올려 두는 용도지만, 그 자체가 조각상으로 보일 만큼 무척 우아하다. 사진의 주춧돌은 협탁으로도 활용할 수 있다.

제품: 톨 플린츠
디자이너: 놈 아키텍츠
브랜드: 메뉴

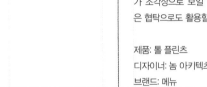
필립 마인저

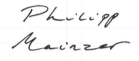
파예 투굿

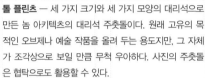
놈 아키텍츠

롤리폴리 데이베드 — 영국 디자이너 파예 투굿이 만든 침대 겸용 소파다. 구 모양으로 된 머리를 기대는 곳과 테블릿 PC 같은 모양의 몸통으로 이루어져 있으며 우유처럼 부드러운 반투명의 섬유 유리로 만들어서 은은한 색을 띤다.

제품: 롤리폴리 데이베드
디자이너: 파예 투굿
브랜드: 파예 투굿

콘크리트 체어 — 원래 요나스 볼린이 졸업 작품으로 만든 것이다. 수십 년 동안 기능적이고 인체 공학적인 측면에 집착한 모더니즘의 강박에서 해방된 가구라는 점에서 1980년대 스칸디나비아 디자인의 상징이 되었다.

제품: 콘크리트 체어
디자이너: 요나스 볼린
브랜드: 단스크 뫼벨쿤스트

요나스 볼린

리틀 페트라 VB1 — 건축가 비고 보센이 1938년에 디자인했으며, 현재는 &트레디션이 만들고 있다. 몸을 푹 감싸는 낮은 의자는 푹신하고 부드러운 커버와 1930년대 덴마크 펑키 스타일의 부드럽고 유기적인 미학 원칙들과도 잘 어우러진다.

제품: 리틀 페트라 VB1
디자이너: 비고 보센
브랜드: &트레디션

클레멘스 쉴링거

비고 보센

랜드마크 북앤드 — 클레멘스 쉴링거가 스웨덴의 인테리어 디자인 업체인 헴을 위해 디자인한 작품이다. 마야의 사원을 축소한 모양으로 단단한 헝가리산 콘크리트로 제작되었으며, 파스텔 톤의 녹색, 먹색, 연회색 등으로 구성되어 있다.

제품: 랜드마크 북앤드
디자이너: 클레멘스 쉴링거
브랜드: 헴

페페 대리석 거울 — 밀라노의 스튜디오페페는 디테일과 그런 세심함이 불러일으키는 정서를 프로젝트의 기본으로 삼는다. 페페가 메뉴를 위해 만든 거울은 대리석으로 몸통을 만들었는데, 시간이 흐르면서 자연스럽게 낡아 가면서 새로운 디테일이 생겨날 것이다.

제품: 페페 대리석 거울
디자이너: 스튜디오페페
브랜드: 메뉴

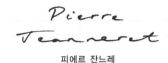

피에르 잔느레

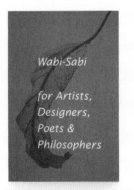

이지 암체어 — V자 모양의 다리는 피에르 잔느레가 인도의 찬디가르를 위해 디자인한 몇몇 디자인 중 하나였다. 찬디가르는 1950년대에 르코르뷔지에가 유토피아 도시라고 여겼던 곳이다. 이 의자는 벌레에 강한 버마 티크와 등나무를 사용했다.

제품: 이지 암체어
디자이너: 피에르 잔느레
브랜드: 갤러리 패트릭 세귄

C11

스튜디오페페

C10

레너드 코렌

와비사비 — 1994년 출간된 레너드 코렌의 《와비사비》는 일본의 미학 정서를 설명한다. 가식적이지 않고 진정성 있는 단순한 디자인을 존중한 것은 이 책이 처음이었다. 레너드 코렌은 "본질에 이를 때까지 조금씩 줄이되, 시적인 요소까지 없애지는 말라"라고 말한다.

제목: 와비사비
저자: 레너드 코렌
브랜드: 임퍼펙트 퍼블리싱

C12

INDEX

APPENDIX

P. 260 – 261 — LINA BO BARDI

Photography: *Portrait of Lina Bo Bardi in the 'Glass House'*, 1952. Photograph by Francisco Albuquerque. © Instituto Bardi/Casa de Vidro/Francisco Albuquerque.
Words: Stephanie d'Arc Taylor
Sidebar, left (top): Lina Bo Bardi, n.d. *Bardi's Bowl - Elevation/Ground floor/Perspective Hydrographic*, graphite, ink on tracing paper, 44,9 × 62,4 cm. © Instituto Bardi/Casa de Vidro.
Sidebar, left (bottom): Lina Bo Bardi, n.d. *Palma Studio – Elevation, Heliographic* on offset paper, 45,2 × 46,5. © Instituto Bardi/Casa de Vidro.
Sidebar, right: Bola de Latão Chair (top) and LBB Rocking Chair (bottom). Designed by Lina Bo Bardi. Courtesy of ETEL and Instituto Bardi.

P. 262 – 263 — RICHARD NEUTRA

Photography: David Hartwell
Words: Stephanie d'Arc Taylor
Sidebar: Boomerang Chair (top) and Low Organic Table (bottom), Designed by Richard Neutra. Courtesy of VS.

P. 264 – 265 — OSCAR NIEMEYER

Photography: Davide Galli
Words: Stephanie d'Arc Taylor
Sidebar (top): *Oscar Niemeyer - The Mondadori Building*, published by Electra. Book design: Tassinari/Vetta.
Sidebar (bottom): *The Curves of Time, The Memoirs of Oscar Niemeyer*, published by Phaidon.

P. 266 – 267 — DONALD JUDD

Photography: Arnold Newman/Getty Images
Words: Stephanie d'Arc Taylor
Sidebar (top): from Untitled, 1974. Etching on paper, print, 168 × 550 mm. Donald Judd (1928 – 1994). Courtesy of Judd Foundation. © Tate, London 2019.
Sidebar (bottom): A detail from Untitled, 1967 or 1968. Felt-tip pen on paper, unique, 436 × 560 mm. Donald Judd (1928 – 1994). Courtesy of Judd Foundation. © Tate, London 2019.

P. 268 – 269 — WASSILY KANDINSKY

Photography: Brettmann/Getty Images
Words: Stephanie d'Arc Taylor
Sidebar (top): *Upward* by Wassily Kandinsky, 1929. Courtesy of Heritage Images/Getty Images.
Sidebar (bottom): *Dunner Druck* by Wassily Kandinsky, 1924. Courtesy of Heritage Images/Getty Images.

P. 270 – 271 — ISAMU NOGUCHI

Photography: *Portrait of Isamu Noguchi [with Akari]*, New York, 1955. Photograph by Louise Dahl-Wolfe. ©The Isamu Noguchi Foundation, Garden Museum and Center for Creative Photography, Arizona Board of Re-

gents. New York/ARS.
Words: Stephanie d'Arc Taylor
Sidebar: Akari 1AT, 1954 (top) and Akari 7A, 1952 (bottom) by Isamu Noguchi. ©The Isamu Noguchi Foundation and Garden Museum, New York/ARS. Photos by Kevin Noble.

P. 272 – 273 — JUHANI PALLASMAA

Photography: Knud Thyberg
Words: Stephanie d'Arc Taylor
Sidebar: *Encounters 1* (top) and *Encounters 2* (bottom) by Juhani Pallasmaa. Published by Rakennustieto.

PRODUCTS

P. 274 – 277 — PRODUCTS: LIGHT

A1 Photography: Douglas & Bec. Arch Wall Light designed by Douglas & Bec.
A2 Photography: Astep. Model 2065 designed by Gino Sarfatti.
A3 Photography: FLOS. Piani designed by Ronan and Erwan Bouroullec, 2011.
A4 Photography: Menu. Column Table Lamp designed by Norm Architects.
A5 Photography: Courtesy Galerie Patrick Seguin. Small Swing JIB Lamp, H 29 × L 104 × D 5 cm, designed by Jean Prouvé, 1947.
A6 Photography: ©Pamono/Massimo Caiafa. Italian Floor Lamp, 1960.
A7 Photography: Oluce. Atollo Lamp designed by Vico Magistretti, 1977.
A8 Photography: Diptyque from mrporter.com. Feu De Bois Indoor & Outdoor Scented Candle.
A9 Photography: FRAMA. Ventus Pendant Form 2 designed by Included Middle.
A10 Photography: Lambert & Fils. Cliff Floor Lamp designed by Lambert & Fils.
A11 Photography: WallpaperSTORE*, store.wallpaper.com. Urano designed by Elisa Ossino.
A12 Photography: WallpaperSTORE*, store.wallpaper.com. Narcotic Tubereuse Candle by Mad & Len.

P. 278 – 281 — PRODUCTS: COLOR

B1 Photography: WallpaperSTORE*, store.wallpaper.com. Box Box by Hay.
B2 Photography: Astep. Model 548 designed by Gino Sarfatti.
B3 Photography: Vitra. Standard Chair by Jean Prouvé.

B4 Photography: Courtesy Galerie Patrick Seguin. Armoire « Brésil », H 151 × L179 × P65 cm, designed by Charlotte Perriand (with Le Corbusier), 1956 – 59.
B5 Photography: Louis Poulsen. PH 5 designed by Poul Henningsen.
B6 Photography: Menu. *Habour* Chair designed by Norm Architects.
B7 Photography: GUBI. Stay Sofa.
B8 Photography: WallpaperSTORE*, store.wallpaper.com. DIM 2 by Dimorestudio for Bitossi Ceramiche.
B9 Photography: Raawii. Large Jug designed by Nicholai Wiig Hansen.
B10 Photography: New Tendency. Torei Tray by New Tendency.
B11 Photography: &tradition. Loafer SC23 designed by Space Copenhagen.
B12 Photography: HAY. Palissade Armchair designed by Erwan & Rowan Bouroullec.

P. 282 – 285 — PRODUCTS: MATERIAL

C1 Photography: Menu. Co Lounge Chair designed by Norm Architects and Els Van Hoorebeeck.
C2 Photography: Salvatori. Omaggio a Morandi designed by Elisa Ossino.
C3 Photography: Pure New Wool Plaid by Tekla Fabrics
C4 Photography: Faye Toogood. Roly Poly Daybed designed by Faye Toogood.
C5 Photography: WallpaperSTORE*, store.wallpaper.com. Backenzahn Stool by Philipp Mainzer for E15.
C6 Photography: Menu. Tall Plinth designed by Norm Architects.
C7 Photography: Klemens Schillinger. Landmarks Bookend by Klemens Schillinger for Hem.
C8 Photography: Brahl Fotografi/Dansk Møbelkunst Gallery. Concrete Chair designed by Jonas Bohlin.
C9 Photography: &tradition. Little Petra VB1 designed by Viggo Boesen.
C10 Photography: Menu. Pepe Marble Mirror designed by Studiopepe.
C11 Photography: Christian Møller Andersen. Wabi-Sabi for Artists, Designers, Poets & Philosophers by Leonard Koren. Published by Imperfect Publishing.
C12 Photography: Courtesy Galerie Patrick Seguin. Easy Armchair, H 67,5 × L 52,5 × P 70 cm, designed by Pierre Jeanneret, circa 1955 – 56.

MASTHEAD

CREATIVE DIRECTORS
요나스 비예어 폴센
나단 윌리엄스

EDITOR-IN-CHIEF
존 클리포드 번스

ART AND DESIGN DIRECTOR
크리스티안 뮐러 아네르센

EDITOR
해리엇 피치 리틀

ASSISTANT EDITOR
가브리엘레 델리산티

PUBLICATION DIRECTOR
에이미 우드로프

PHOTOGRAPHY
요나스 비예어 폴센
펠레 크레핀
에이드리언 디랑
로리 가드너
살바 로페즈
크리스티안 뮐러 아네르센
알렉산더 울프

WORDS
알렉스 앤더슨
리마 사브리나 아우프
엘리 바이올렛 브램리
존 클리포드 번스
가브리엘레 델리산티
해리엇 피치 리틀
데비카 레이
트리스탄 러트허포드
찰스 셰파이
모니카 그루 스티픈슨
스테퍼니 다르크 테일러

킨포크 KINFOLK
미국 포틀랜드에 위치한 라이프스타일 커뮤니티. 자연 친화적이고 건강한 생활양식을 추구하는 잡지와 책을 출간한다. 빠름과 복잡함보다 느리고 단순한 삶의 방식을 지향한다.

놈 아키텍츠 NORM ARCHITECTS
덴마크 코펜하겐에 위치한 건축과 디자인, 인테리어까지 자유롭게 넘나드는 디자인 스튜디오. 미니멀리즘과 실용성을 결합하는, 시대를 초월한 결과물을 보여준다. 유행과 기술보다 인간 중심적인 디자인을 지향한다.

옮긴이 박여진
주중에는 파주 '번역인' 작업실에서 번역을 하고, 주말에는 여행을 다닌다. 지은 책으로는 《토닥토닥, 숲길》이 있고, 옮긴 책으로는 《너의 몸을 사랑하는 방법》, 《내가 알고 있는 걸 당신도 알게 된다면》, 《위대한 모험가들》, 《음식의 말》, 《알바는 100살》 외 수십 권이 있다.

더 터치: 머물고 싶은 디자인
펴낸날 초판 1쇄 2020년 6월 30일
　　　　초판 6쇄 2023년 2월 28일
지은이 킨포크, 놈 아키텍츠
옮긴이 박여진
펴낸이 이주애, 홍영완
편집 장종철, 오경은, 양혜영, 백은영, 김송은
마케팅 김태윤, 진승빈, 김소연 **경영지원** 박소현
표지디자인 정은경
디자인 김주연, 박아형
펴낸곳 (주)윌북 **출판등록** 제2006-000017호
주소 10881 경기도 파주시 광인사길 217
전자우편 willbooks@naver.com
전화 031-955-3777 **팩스** 031-955-3778
블로그 blog.naver.com/willbooks
포스트 post.naver.com/willbooks
페이스북 @willbooks
트위터 @onwillbooks
인스타그램 @willbooks_pub
ISBN 979-11-5581-282-2 (03540)
CIP제어번호 202001891

THE TOUCH

Spaces Designed for the Senses
By Kinfolk & Norm Architects

Published by gestalten, Berlin 2019

THE TOUCH

Spaces Designed for the Senses
By Kinfolk & Norm Architects

Original edition published by gestalten
© 2019 by Die Gestalten Verlag GmbH & Co. Kg